Die

Verwendung des Drehstroms

insbesondere

des hochgespannten Drehstroms

für den

Betrieb Elektrischer Bahnen

Betrachtungen und Versuche

von

Dr. Ing. W. Reichel,

Oberingenieur der Siemens & Halske A.-G.

München und **Berlin.**

Druck und Verlag von R. Oldenbourg.

1903.

Herrn Wilhelm von Siemens

in Dankbarkeit gewidmet.

Vorwort.

Die vorliegende Studie ist vom Verfasser zunächst zu dem Zwecke geschrieben worden, um auf Grund derselben die Würde eines Doktor Ingenieurs an der Königlichen Technischen Hochschule zu Berlin zu erwerben. Die Betrachtung der Gründe, welche für die Verwendung des Drehstromes zum Betriebe elektrischer Bahnen bestimmend sind, führte im ersten Teile zur wissenschaftlichen Erörterung einer Anzahl von Fragen und Eigentümlichkeiten der anzuwendenden Stromarten. Da die Technik eine Wissenschaft der Anwendung anderer mehr abstrakter Wissenschaften ist, so liefsen sich auch die aufgeworfenen Fragen am besten an der Hand bestimmter praktischer Anwendungsbeispiele untersuchen, wenn eine rein mathematische Behandlung nicht mehr ausreichte bezw. mufste auch auf die praktische Ausführung von Einzelheiten der Bahnsysteme eingegangen werden. Daher wird der erste Teil der Arbeit auch dem noch nicht Eingeweihten eine Anleitung zu ähnlichen Untersuchungen bieten können.

Der Abschnitt II des ersten Teiles sowie der zweite Teil, in welchem die neuesten Versuche auf dem genannten Gebiete besprochen werden, dürfte dagegen dem bereits mit dem Stoffe Vertrauten neue Anregungen geben, namentlich dem Eisenbahntechniker zur Erschliefsung neuer Verkehrseinrichtungen.

Stellenweise ist auf meine früheren Veröffentlichungen in der E.T.Z., Jahrgang 1900, Heft 23, Jahrgang 1901, Heft 34, 37, 38 und 41, Jahrgang 1902, Heft 32, Bezug genommen, so dafs durch die vorliegende Studie eine Ergänzung und Zusammenfassung der früheren Veröffentlichungen entstanden ist.

Es sei mir noch vergönnt, an dieser Stelle dem Förderer der hier in Rede stehenden Arbeiten, Herrn Wilhelm von Siemens, meinen Dank dafür auszusprechen, dafs ich an den gestellten Aufgaben mich beteiligen durfte, deren Lösung für jeden Techniker das höchste berufliche Interesse bietet.

Berlin, März 1903.

Der Verfasser.

Inhaltsverzeichnis.

Seite

A. Einleitung 1

B. Über die Arten der Anwendung des Drehstroms für elektrische Bahnbetriebe und ihre Eigentümlichkeiten bezw. Vor- und Nachteile im Vergleich mit Gleichstrom 2

I. Anwendung für Strafsenbahnen 2

II. Anwendung des Drehstroms für Bahnen mit eigenem Bahnkörper, Klein- oder Vorortbahnen und insbesondere bei Vollbahnen 20

C. Betrachtung der Versuche, hochgespannten Drehstrom von 10000 Volt verketteter Spannung zum Bahnbetriebe zu verwenden. Grundzüge der angewendeten Konstruktionen . . . 27

I. Fahrleitungen 28

II. Ausarbeitung der Betriebsmittel 33

III. Neue Vorschläge des Verfassers zu weiteren Vervollkommnungen für Bahnanlagen mit 160 km Fahrgeschwindigkeit . . 44

Schlufswort 47

Anhang I. Bezeichnungen 48

» II. Berechnung eines Gleichstrommotors von 1025 kg Gewicht 49

» III. Berechnung eines Drehstrommotors von 1250 kg Gewicht für 650 (1150) Volt, 6 Pole, 100 Polwechsel (50 Perioden) 57

» IV. Aufstellung der Anfahrlinien 83

» V. Vergleichende Zusammenstellung der Beanspruchungswerte der Wagenausrüstung 97

» VI. Ermittelung eines Verhältnisses der anzuwendenden Spannungen bei Gleichstrom und Drehstrom 100

Seite

Anhang VII. Ermittelungen über die Beanspruchung der Leitungsanlage 104

» VIII. Ausführungsbeispiel Burgdorf—Thun 123

» IX. Ausführungsbeispiel Lecco—Colico—Chiavenna (Sondrio) 131

» X. Ausführungsbeispiel Schnellbahn Berlin—Hamburg . 139

» XI. Berechnung der zum Andrücken des Schleifbügels an die Leitung erforderlichen Drehmomente bei verschiedenen Anordnungen 142

» XII. Berechnung des Kraftbedarfes und der Verbrauchsziffern für einen Zug von 260 t Gewicht bei 160 km Fahrgeschwindigkeit pro Stunde 151

A. Einleitung.

Als man in der ersten Hälfte der achtziger Jahre des 19. Jahrhunderts in den Voltainduktoren, wie man damals die Transformatoren nannte, ein bequemes Mittel erkannt hatte, um den Wechselstrom zur wirtschaftlichen Kraftübertragung auf groſse Entfernungen nutzbar zu machen, tauchte auch sehr bald in der Industrie der Gedanke auf, diese Stromart für den Betrieb elektrischer Eisenbahnen anzuwenden. Er fand z. B. einen Ausdruck in einem Patente, welches unter dem 18. Januar 1886 auf Neuerungen in der Anwendung von Voltainduktoren nachgesucht wurde und dessen erste beiden Ansprüche lauteten:

1. Auf einem mittels Wechselstrommotors elektrisch bewegten Fahrzeuge die Anbringung eines Voltainduktors, um dem Motor einen Strom von geringerer Spannung zuführen zu können, während in den Zuführungsleitungen ein Strom von hoher Spannung zirkuliert.
2. Die Aufstellung von Voltainduktoren neben dem Gleise einer elektrischen Eisenbahn und die Verbindung der primären Windungen der Induktoren mit der Wechselstromquelle, der sekundären Windungen mit den Schienen oder den neben den Schienen isoliert angebrachten Leitern, von welchen der Strom mittels Gleit- oder Rollkontakte dem Fahrzeuge zugeführt wird.

Eine Anwendung des Patentes fand aber noch nicht sogleich statt. Erst nachdem Ende der achtziger und Anfang der neunziger Jahre der verkettete Wechselstrom, besonders Drehstrom, in die Praxis Eingang gefunden hatte, wurden im Jahre 1892 die ersten Versuche angestellt, denselben für Bahnzwecke zu verwenden. Es wurden zu dem Zwecke in gewöhnlicher Art *zwei oberirdische* Leitungen gezogen, von denen je nach Belieben mittels zweier Schleifbügel oder mittels zweier Rollenkontakte der Strom entnommen werden konnte; die *dritte* Zuleitung wurde an die *Fahrschienen* angelegt, von denen der Strom mittels der Laufräder abgenommen wurde. Die Spannung zwischen zwei Zuleitungen, d. i. zwischen zwei Klemmen der Primärmaschine, war in der üblichen Höhe der Bahnspannungen bemessen, mit etwa 500 bis 600 Volt. Das Fahrzeug, ein Untergestell eines gewöhnlichen Strafsenbahnwagens, war ausgerüstet mit einem Elektromotor, dessen Leistung mittels Schneckenübertragung auf die eine Laufachse übertragen wurde. In den mit Schleifringen versehenen sekundären Teil schaltete man zum Anlassen und Regeln der Geschwindigkeit je nach Bedarf Widerstände ein.

Die Versuche zeitigten günstige Ergebnisse, und die Ausführung der Versuchsanlage liefs erkennen, dafs das System zu Bahnzwecken sich eigne und die Anlage der Zuleitungen keine unüberwindlichen Schwierigkeiten bei der weiteren Ausbildung bieten würde. Die infolgedessen auftauchenden Pläne, dahingehend, zur Anwendung des Drehstromes im Grofsen längere Vollbahnstrecken nach entsprechendem Umbau in dauernden Betrieb zu nehmen, wurden aber nicht ausgeführt, sondern es blieb bei den Entwürfen, trotzdem vom rein technischen Standpunkte sicher zu erwarten war, dafs die neue Stromart für Fernbahnen besonders geeignet sein würde.

Auch die für Strafsenbahnen aufgestellten Drehstromentwürfe, die sich mit kleineren Mitteln hätten ausführen lassen, gelangten deshalb nicht zur Verwirklichung, weil infolge der dem Strafsenbahnbetriebe eigentümlichen Bedingungen keine Vorteile, sondern eher Nachteile damit verknüpft sind, an Stelle des gewöhnlich angewendeten Gleichstromes den Drehstrom zu benutzen. Über die Berechtigung der Anwendung beider Stromarten für die verschiedenen Systeme von Bahnen mögen nachstehende Betrachtungen Aufschlufs geben.

B. Über die Arten der Anwendung des Drehstromes für elektrische Bahnbetriebe und ihre Eigentümlichkeiten bezw. Vor- und Nachteile im Vergleich mit Gleichstrom.

I. Anwendung für Strafsenbahnen.

Obwohl es sich übersehen läfst, dafs für Strafsenbahnen der Drehstrom unvorteilhaft ist, so erscheint es doch nützlich und lehrreich, eine genauere Betrachtung hierüber anzustellen und den Vergleich einer Benutzung von Drehstrom mit der üblichen Anwendung von Gleichstrom für ein bestimmtes praktisches Beispiel durchzuführen, da bei dieser Untersuchung eine gröfsere Anzahl Fragen zu erörtern sind, die für alle mit der einen oder andern Stromart betriebenen Bahnen in Betracht kommen.

Wenn zunächst von der Stelle ausgegangen wird, an der die elektrische Energie in mechanische umgesetzt wird, nämlich von den Fahrzeugen, so liegt klar auf der Hand, daſs deren Einrichtung bei Drehstrom nicht so einfach, zweckmäſsig und betriebssicher gestaltet werden kann wie bei Gleichstrom, erstens hinsichtlich

a) Apparate und Schaltausrüstung der Fahrzeuge.

Das Fahrzeug muſs den drei Zuführungsleitungen entsprechend auch mit einer gröſseren Anzahl von Leitungen zur Verbindung der Motoren mit den Stromabnehmern, Fahrschaltern und Widerständen versehen werden. Die Leitungen werden noch besonders zahlreich dadurch, daſs nachfolgende Bedingung zu erfüllen ist.

Das Bestreben, innerhalb der Städte langsamer zu fahren als auſserhalb derselben und wenn möglich durch den Motorwagen einen bis zwei Anhängewagen ziehen zu lassen, bringt es mit sich, alle Radsätze anzutreiben und wenigstens zwei Motoren zu verwenden. Dieselben können bei Ausbildung als Gleichstrommotoren sowohl in Hintereinanderschaltung (für halbe Fahrt), als auch in Nebeneinanderschaltung für volle Fahrt arbeiten. Durch die folgerichtige Benutzung der Nebeneinanderschaltung nach der Hintereinanderschaltung wird beim Anfahren eine Kraftersparnis erzielt und ebenso auch bei halber Fahrt insofern, als es nicht nötig ist, die Fahrgeschwindigkeit durch Vorschalten von Widerständen zu vermindern. Dies ist bei Drehstrommotoren ebenfalls ausführbar und zwar mit Hilfe der Kaskadenschaltung (eine Art der Hintereinanderschaltung der Motoren), durch welche die Fahrgeschwindigkeit auf etwas weniger als die Hälfte der gröſsten herabgemindert wird; jedoch entstehen durch die Einrichtung, abgesehen von einem Nachlassen in der Zugkraft, bedeutende Schwierigkeiten in der Schaltung. Denn es ist gewöhnlich notwendig, daſs beide Motoren sowohl in Kaskaden-, als auch in Nebeneinanderschaltung mit voller Ausnutzung arbeiten sollen, und das macht die Schaltung sehr verwickelt, da drei Zuleitungen zu berücksichtigen sind anstatt deren zwei wie bei Gleichstrom. Die Umschaltung von Kaskaden- auf Nebeneinanderschaltung verlangt auch eine andere Bauart der Fahrschalter. Denn es muſs möglich sein, jede der beiden Schaltungen, also entweder Kaskadenschaltung oder Nebeneinanderschaltung selbständig, und ohne Zwangläufigkeit auszuführen. Andernfalls, wenn also der Fahrschalter so ausgeführt wäre wie bei Gleichstrom, würde beim Ausschalten aus voller Fahrt, also aus Nebeneinanderschaltung auf Null, die Kaskadenschaltung überschritten werden müssen, und das würde bei raschem Ausschalten starke Funkenbildung ergeben, da die Motoren bei diesem Übergang stromerzeugend wirken würden. Es ist vorteilhaft, letztere Eigenschaft benutzen zu können, aber unvorteilhaft, sie benutzen zu müssen. Der Fahrer mufs also bei Übergang zwei Handgriffe mehr machen, nämlich Ausschalten und Umschalten. (Vergl. Schaltschema.)

Aufserdem verlangt die Kaskadenschaltung, wenn die Motoren nicht mit einem Verhältnis der Windungszahlen 1:1 gewickelt sind, entweder ebenfalls eine Umschaltung der Widerstände oder einfacher einen besonderen Satz Widerstände. (Vergl. Schaltschema).

Die Zahl der Kontakte der Fahrschalter wird daher gröfser, diese selbst werden umfangreicher und schwerer als die für Gleichstrom. Dasselbe gilt von den Widerständen, den selbsttätigen Ausschaltern und den Sicherungen gegen zu starkes Anwachsen des Stromes. Zur richtigen Handhabung des Fahrschalters gehört unbedingt Spannungs- und Stromzeiger am Führerstand, da das Drehmoment von der Spannung abhängig ist. (Vergl. b) motorische Ausrüstung.) Die Handhabung mufs sich nach der Höhe der Spannung richten. Einen deutlichen Überblick über die erforderliche Schaltausrüstung gewährt der Vergleich des hierzu aufgestellten Schaltschemas eines gewöhnlichen Strafsenbahnwagens für Gleichstrom Fig. 1 (Tafel I) mit einem vom Verfasser für denselben Zweck entworfenen gleichwertigen Schema für Drehstrom (Fig. 2 und 3 Tafel I) sowie eine dazu aufgestellte Tafel der Ausrüstungsteile. Dieser Vergleich gilt nicht blofs für Strafsenbahnwagen, sondern auch für alle Fahrzeuge und zeigt zur Genüge, dafs die Ausrüstung für Gleichstrom wesentlich einfacher wird als für Drehstrom.

b) Die motorische Ausrüstung der Fahrzeuge einschl. der zum Anlassen erforderlichen Widerstände.

Das Eigentümliche des Strafsenbahnbetriebes ist besonders der stetige Wechsel zwischen schwacher und starker Kraftäufserung, der einerseits durch das immerwährende Ingang- und Stillsetzen, anderseits durch das abwechselnde Befahren von ebenen Strecken und von stärkeren Steigungen entsteht, die selbst bei Bahnanlagen in sonst vollkommen ebenen Städten immer auftreten.

1. Verhalten des Gleichstrommotors.

Diese Betriebsbedingungen zu erfüllen, ist der Gleichstrommotor geeigneter. Er ist fast ausnahmslos als Hauptschlufsmaschine ausgeführt und besitzt dadurch die unübertreffliche Eigenschaft, ein von der Spannung unabhängiges und nur von der Stromstärke abhängiges Feld zu haben, d. h. sich dasselbe selbsttätig durch die verbrauchte Stromstärke zu regeln. Mit zunehmender Belastung steigt die letztere, also wird auch das magnetische Feld stärker. Da aber die elektromotorische Gegenkraft des Motors von diesem und von der Drehzahl abhängig

Tafel der Ausrüstungsteile.

System	Motoren	Fahrschalter	Widerstände	Strom-abnehmer	Blitzableiter	Ausschalter	Leitungen
Gleichstrom	2 Stück	2 Stück mit 10 Schalt-stufen und je 28 Kontakten	1 Gruppe einfache	1 Stück einfacher	1 Stück einfacher	1 Stück automatischer, zugleich Hand-ausschalter 1 Stück Handausschalt. Beide einfach	17
Drehstrom für 2 Leitungen oberirdisch	2 Stück aber hierzu 1 Transformator zur Erhöhung der Spannung bei Kaskaden-schaltung	2 Stück mit je 52 bezw. 55 Kontakten	2 Gruppen 3 fache. (Eine für Kas-kaden- und eine für Neben-einanderschal-tung)	1 Stück zweipoliger	2 Stück	1 Stück automatischer, zugleich Hand-ausschalter 1 Stück Handausschalt. Beide zweipolig	42 (bei Anwendung eines Transfor-mators oder der Dreieck-schaltung für das Arbeiten der Motore in Kaskadenschal-tung)

ist, so mufs bei wachsendem Strom und Feld die Drehzahl sinken, bei abnehmendem steigen. Die äufsersten Grenzen sind auf der einen Seite der Stillstand, auf der anderen Seite das Durchgehen bei Leerlauf. Bis zu dem Stillstand die Belastung zu treiben, ist nicht gut angängig, da die Stromstärke alsdann zu hoch steigen würde, und zwar bis zu einem Werte, der dem Quotienten aus der Spannung durch den gesamten Widerstand des Motors entspricht (Kurzschlufstrom). Das Drehmoment, welches dem Produkt Feld $\times$ Strom proportional ist steigt bei wachsendem Strom beständig, ohne dafs der Motor abfällt. Sein höchstes nutzbares Drehmoment ist vom Spannungsabfall in den Zuleitungen ganz unabhängig. Daher arbeiten zwei Motoren in Hintereinanderschaltung bei der halben Spannung mit demselben Drehmoment wie in Nebeneinanderschaltung, und ebenso beim Anfahren, bei welchem ein Spannungsverlust künstlich durch die vorgeschalteten Widerstände erzeugt wird. Die Schaulinien eines solchen Hauptstrommotors geben das Verhalten des Motors deutlich zu erkennen (Fig. 2, Anhang II). Schon beim achten Teil des Kurzschlufstromes erreicht der Motor sein höchstes zum Anfahren benutztes Drehmoment.

2. Verhalten des Drehstrommotors bei voller Primärspannung und Drehzahl (Nebeneinanderschaltung).

Anders verhält sich der Drehstrommotor. Bei ihm ist nur die primäre Wickelung an die Zuleitungen angeschlossen, während die sekundäre keine Verbindung mit denselben hat, und daher der in ihr fliefsende sekundäre Strom durch Transformierung erzeugt wird. Derselbe übt auf das Nutzfeld, welches zur Erzeugung des Drehmomentes erfarderlich ist, eine entmagnetisierende Wirkung aus. Wächst nun bei zunehmender Belastung das Drehmoment und der sekundäre Strom, so nimmt das Nutzfeld ab. Der primäre Strom wächst dabei ebenfalls, gleichzeitig tritt aber eine Vergröfserung des Streufeldes ein, während das Hauptfeld annähernd konstant bleibt. Dasselbe kann durch den sekundären Strom nicht verstärkt werden, wie es eigentlich der Fall sein müfste. Das Drehmoment ist innerhalb der Arbeitsgrenzen abhängig von der Spannung und dem Verbrauchsstrom.

Da das Drehmoment proportional ist dem Produkt aus Sekundärstrom und Nutzfeld, so wird der Motor bei stetig zunehmender Belastung vom Leerlauf ab, zunächst bei starkem Nutzfeld und geringem Strom, ein stetig wachsendes Drehmoment erzeugen bis zu einem Höchstwert und dann ein stetig kleiner werdendes Drehmoment bis zum schwächsten Feld und gröfsten Strom (Kurzschlufsstrom). Der Motor hat also die unangenehme Eigenschaft, bei Überschreitung einer bestimmten Belastungsgrenze abzufallen und nutzlos so grofsen Strom aufzunehmen, dafs die Isolierung infolge zu starker Erwärmung leidet.

Während des eben besprochenen Belastungsvorganges sinkt die Drehzahl erst sehr langsam (die Schlüpfung wächst), so daſs sie innerhalb der Belastungsgrenzen vom normalen bis zum höchsten nutzbaren Drehmoment (mindestens 10 % unter dem gröſsten Moment, besser mehr) als konstant angesehen werden kann. Zuletzt sinkt die Drehzahl sehr rasch bis zum vollständigen Stillstand. Wenn nämlich das Feld schwächer wird, so muſs, damit die für den wachsenden Strom nötige wachsende Spannung entstehen kann, die Schlüpfung wachsen, d. h. die Umdrehungen des Läufers müssen hinter den Umläufen des Hauptfeldes mehr und mehr zurückbleiben. Dieser Vorgang der Verringerung der Drehzahl kann auch künstlich durch Einschalten von Widerständen in den sekundären Stromkreis hervorgerufen werden, also können die Umdrehungen des Motors durch diese geregelt werden.

Die Veränderlichkeit der Felder und Ströme bei voller Spannung und regelrechter Drehzahl ist in Anhang III, Fig. 2 bildlich dargestellt und damit das durch die Schaulinien in Anhang III, Fig. 3 und 4 gekennzeichnete Verhalten des Motors ohne weiteres verständlich.

Innerhalb der Arbeissgrenzen ist die Drehzahl als wenig veränderlich anzusehen. Wird sie durch Antreiben des Motors (auf Gefällstrecken) über den Synchronismus hinaus gesteigert, so gibt die Maschine negatives Drehmoment und liefert Strom, statt solchen aufzunehmen. Der Motor wirkt also als Stromerzeuger bremsend auf das Fahrzeug, was für das Befahren von Gefällen zur Erzielung gleichmäſsiger Geschwindigkeit und Kraftgewinns ausgenutzt werden kann. Das ist allerdings auch bei Gleichstrommotoren möglich, wenn man deren Hauptschluſswickelung getrennt erregt (durch Akkumulatorenbatterie oder durch besondere Zuleitung).

Die geringe Veränderlichkeit der Drehzahl der Drehstrommotoren bringt aber auch noch einen unbequemen Nachteil insofern mit sich, als die Drehstrommotoren in Nebeneinanderschaltung bei kurzgeschlossener Sekundärwickelung nur dann richtig arbeiten, wenn die Auſsendurchmesser der Bandagen gleich sind. Es dürfen also stets für ein und dasselbe Fahrzeug nur Motoren an solchen Triebachsen verwendet werden, bei denen die Bandagenabnutzung die gleiche ist. Verschiedenheiten derselben rufen schädliche Überlastungen der Motoren hervor. Hat z. B. die eine Bandage einen Durchmesser von 880 mm, die andere von 836 mm, so ist ein Unterschied von 5 % auch in den Umdrehungen vorhanden. Für eine Fahrt auf der Wagerechten stellen dann die Umdrehungen der Motoren sich etwa so ein, daſs der eine mit 968 Umdrehungen arbeitet und mit positivem Drehmoment von 55,6 mkg, der andere mit 1018 Umdrehungen und negativem Moment von 35 kg. Die eine Maschine arbeitet untersynchron als Motor und bewegt den Wagen, treibt dazu aber noch die andere Maschine an, welche übersynchron als Stromerzeuger arbeitet und Strom an das Netz zurückgibt. Der eine Motor würde also stark überlastet werden. Das übrigbleibende Drehmoment von 20,6 mkg wird für die Fortbewegung des Wagens mit 27,7 km-Std. verbraucht. Die Unterschiede in der Belastung werden kleiner, wenn in die sekundäre Wickelung Ballastwiderstände eingeschaltet werden, wodurch wiederum der Wirkungsgrad etwas sinkt.

Bei Gleichstrommotoren mit Hauptschlufswickelung ist der Nachteil nicht in der Weise vorhanden; einer der Motoren macht bei dem angegebenen Unterschied der Durchmesser 5 % mehr Umdrehungen und nimmt dafür weniger Strom auf, aber ohne dafs der andere Motor Schaden leidet.

Aus den Darstellungen Anhang III Fig. 2, 3 und 4 ersieht man, dafs das gröfste Drehmoment nicht überschritten werden darf und man gut tut, mindestens noch 10 % unter demselben zu bleiben, um den Motor nicht der Gefahr auszusetzen, dafs er abfällt.

Da die Erregung des Motors von der Spannung abhängig ist, so ist das gröfste nutzbare Drehmoment nicht unabhängig vom Spannungsverlust in der Leitung, sondern ändert sich vielmehr unter Voraussetzung engerer Grenzen proportional dem Quadrate der Quotienten der Spannungen. Denn es ist allgemein: $M = C \cdot J \cdot N$ und $M' = C \cdot J' \cdot N'$ (M' stellt das einer kleineren Spannung entsprechende Drehmoment und C eine Konstante dar). Daher ist auch

$$\frac{M'}{M} = \frac{N' \cdot J'}{N \cdot J}.$$

Es stehen aber ferner sowohl die gröfsten Ströme als das Feld in geradem Verhältnis zu den Spannungen, und es ist daher ferner

$$\frac{J'}{J} = \frac{N'}{N} = \frac{E'}{E}, \text{ also auch } \frac{M'}{M} = \left(\frac{E'}{E}\right)^2.$$

Bei $E' \sim 0{,}9\,E$, also bei 10 % Spannungsverlust in den Zuleitungen, ist das höchste Nutzmoment nur noch etwa 80 % vom Drehmoment bei voller Spannung. Es kann daher leicht folgender Fall eintreten: Sinkt bei starker Belastung die Spannung, so sinkt das Drehmoment, der Primärstrom steigt infolgedessen, da die Zugkraft am Radumfang sich nicht ändert, die Spannung fällt noch mehr, das Moment wird noch kleiner u. s. f., ohne dafs der Führer des Wagens sogleich etwas bemerkt, wenn keine Strom- oder Spannungszeiger vorhanden sind.

Der zu grofse Spannungsverlust könnte nur durch einen Spannungserhöher (Zusatztransformator), der in die Zuleitung (und zwar entweder auf der Strecke stehend oder auf dem Wagen befindlich) eingeschaltet ist, ausgeglichen werden; geschieht dies nicht, so mufs die Spannung in den Zuleitungen möglichst hoch gewählt werden, um möglichst gleichmäfsig zu bleiben, oder der Motor mufs sehr reichlich bemessen werden. Das gilt sowohl für das Befahren von Steigungen, als auch für das Anfahren. Für letzteres kommt noch in Betracht und zwar ebenfalls ungünstig, daſs die Widerstände länger als bei Gleichstrom eingeschaltet sein müssen, bis der Motor ohne sie mit voller Drehzahl und Schaltung arbeiten kann.

3. Befahren von Steigungen.

Auf der Steigung haben beide Arten Motoren dieselbe Zugkraft zu leisten, aber der Hauptstrommotor geht unter gleichzeitig wachsender Zugkraft in der Drehzahl herunter, während der Drehstrommotor dieselbe mit nur geringer Verminderung beizubehalten bestrebt ist (auch bei wachsender Zugkraft).

Es würde daher die Wahl bleiben, entweder die Steigungen mit etwa halber Geschwindigkeit zu befahren, oder den Motor bei der groſsen Geschwindigkeit stark zu belasten und die unverhältnismäſsig groſsen Kraftmengen mit in Kauf zu nehmen.

Letztere üben eine unbequeme Wirkung auf Leitungsnetz und Kraftwerk aus, welche beide für die Aufnahme dieser starken Stöſse bemessen sein müssen und daher in der Anlage teurer werden und auch im Betriebe teurer arbeiten.

Um den Betrieb für die Steigungen so zu gestalten, wie es wünschenswert erscheint, nämlich dieselben langsamer zu befahren, könnte man, ohne das Drehmoment zu vermindern, Periodenzahl und Spannung in dem gegebenen Verhältnis z. B. von $\frac{50}{1150} = \frac{1}{23}$ auf $\frac{33}{700} = \frac{1}{23}$ ändern. Denn es ist $M = C \cdot J \cdot N$ und $N = C' \cdot \frac{E}{\sim Z}$. Die Windungszahl Z ist beim fertigen Motor unveränderlich, also ist das Feld unveränderlich, wenn $\frac{E}{\sim}$ unverändert bleibt. Ist aber anderseits N ungeändert, so ändert sich auch J nicht, d. h, das Moment $M = C \cdot J \cdot N$ behält die gleiche Gröſse.

Eine solche Änderung der Periodenzahl würde aber im Kraftwerk besondere Umformermaschinen, ferner besondere Zuleitungen und im Betriebe besondere Vorsicht bei der Handhabung der Schaltung an den Übergangsstellen von niedrigerer auf höhere Periodenzahl erforderlich machen. Es wird daher zu überlegen sein, ob es bei Vorhandensein von zwei Motoren und von starken Steigungen nicht zweckmäſsig ist, mit Kaskadenschaltung zu fahren, wodurch aber die Zeit der starken Beanspruchung sehr wächst, also gröſsere Erwärmung des Motors eintritt und der Fahrplan verschlechtert wird. Diese Kaskadenschaltung bringt auſserdem andere Nachteile mit sich.

4. Verhalten des Drehstrommotors bei Kaskadenschaltung.

In erster Linie sinken bei gewöhnlicher Kaskadenschaltung ohne Zuhilfenahme besonderer Einrichtungen das höchste Drehmoment und die Drehzahl auf etwa die Hälfte, die höchste Leistung daher auf etwa den vierten Teil. Kosinus und Wirkungsgrad werden schlechter, so dafs der Motor namentlich innerhalb der Städte bei langsamer Fahrt unökonomisch arbeitet. Erfahrungsgemäfs ist z. B. der Wirkungsgrad und Kosinus bei Parallelschaltung 0,85 und 0,85, bei Kaskadenschaltung 0,75 und 0,60.

Die gewöhnliche Kaskadenschaltung (vergl. Stromschema) im Sinne der Hintereinander- und Nebeneinanderschaltung bei Gleichstrom kann nicht anders eingerichtet werden, als dafs der Läufer des Motors I auf den Läufer des Motors II geschaltet und der Ständer vom Motor II auf Widerstand bezw. kurzgeschlossen arbeitet. Denn gewöhnlich ist das Verhältnis der primären zu den sekundären Windungen gröfser als 1, so dafs nur die gleichartigen Wicklungen, also die sekundären, miteinander arbeiten können.

Das Sinken des Drehmomontes und der Leistung ist dadurch verursacht, dafs die Läuferwicklung des Motors I nicht mehr wie vorher auf induktionslosen Widerstand arbeitet, sondern auf die Wicklung vom Läufer II; also sind Strom und Spannung nicht mehr in gleicher Phase, sondern unter einem bestimmten Winkel gegeneinander verschoben. Die Folge ist eine Verschiebung der Einzelfelder des Motors gegeneinander und ein starker Spannungsabfall an den Klemmen des die Spannung für Motor II erzeugenden Läufers I und daher auch Verminderung der Drehmomente zunächst von Motor II und dann auch von Motor I infolge verminderter Energieaufnahme. Sind nun bei Nebeneinanderschaltung die Motoren bereits bis an die Abfallgrenze hin beansprucht, und ist es trotzdem Bedingung, dafs bei Kaskadenschaltung dasselbe höchste Drehmoment geleistet wird, wie bei Nebeneinanderschaltung, so ist an der Primärwicklung des Motors I eine Spannungserhöhung nötig, die am besten durch einen Transformator vorzunehmen ist.

Eine Umschaltung des primären Teils des ersten Motors von Stern auf Dreieck würde das Moment auf das etwa $1^1/_2$fache steigern, aber sehr viele Leitungen bedingen (vergl. Tafel I Fig. 3).

Das Verhalten der Motoren wird durch die Spannungserhöhung mittels Transformator dem Normalen angenähert, wie weiter unten für ein Zahlenbeispiel erläutert und berechnet ist (Anhang III, Fig. 5 und 6, 7 und 8). Die durch Versuche gefundenen Schaulinien zeigen ziemlich gute Übereinstimmung mit den Rechnungswerten (vergl. Anhang III Fig. 9 und 10). Zum Zwecke der Spannungserhöhung kann sowohl ein gewöhnlicher als auch ein Zusatztransformator angewendet werden.

Das Schaltschema (vergl. dieses) wird selbst bei Benutzung eines Transformators natürlich durch die notwendigen Schaltungen verwickelt, das Gewicht des notwendigen Transformators kommt zum Wagengewicht hinzu.

Die Kaskadenschaltung hat aufserdem noch den Nachteil ungleicher Erwärmungen der Motoren im Eisen und Kupfer, indem im Motor I fast doppelt so grofse Verluste entstehen, als im Motor II. Dieser Nachteil mufs in der Schaltung wenigstens dadurch einigermafsen ausgeglichen werden, dafs die Motoren abwechselnd als erste arbeiten.

Das eben Gesagte gilt für eine Kaskadenschaltung von zwei Motoren, wenn beide der verwendeten Motoren sowohl für die Kaskaden- als für Nebeneinanderschaltung benutzt und dabei bis nahe zur Abfallgrenze angestrengt werden müssen. Wenn aber nicht beide Motoren voll ausgenutzt zu werden brauchen, sondern wenn es mit Rücksicht auf Erwärmung zulässig ist, einen der beiden Motoren bei Nebeneinanderschaltung nicht mehr zu benutzen, so läfst sich derselbe natürlich für diesen besonderen Zweck mit besonderer Wickelung versehen und es sind dann weder besondere Widerstände für Kaskadenschaltung noch ein Zusatztransformator erforderlich. Denn die Zugkraft sinkt bei Kaskadenschaltung zwar auf die Hälfte, aber es arbeitet dann die doppelte Zahl Motoren. Werden ferner in einem solchen Falle die Motoren mit Rücksicht auf Kupferbelastung bei Nebeneinanderschaltung noch nicht bis nahe an die Abfallgrenze hin belastet, so kann dies doch für kurze Zeit bei Kaskadenschaltung geschehen, und dann gibt die doppelte Zahl Motoren ein gröfseres Drehmoment bei Kaskadenschaltung, als die einfache Zahl bei Nebeneinanderschaltung,

Eine solche Benutzung findet bei der elektrischen Bahn Lecco—Colico—Chiavenna (Sondrio) von Ganz & Co. statt, und es ist dabei der Wirkungsgrad bei Kaskadenschaltung 0,77—0,80 und der Cosinus 0,65—0,67 (vergl. Electrician November 1901, 1225 bis 1227).

5. Bauart der Motoren.

Hinsichtlich der Bauart der Motoren ist zu bemerken, dafs bei den Drehstrommotoren etwaige Ausbesserungsarbeiten erschwert sind, namentlich wenn die Wickelung in halb oder ganz geschlossenen Nuten untergebracht ist. Das ist aber bei kleineren Typen nötig, da andernfalls durch Verwendung von Wickelungsschablonen, die in offene Nuten eingelegt werden, der Übergangsquerschnitt im Luftspalt bedeutend kleiner wird und der Kosinus der Phasenverschiebung viel geringer wird.

Bei Gleichstrommotoren lassen sich nach Abnehmen der Pole die Feldspulen mit Leichtigkeit entfernen: am Anker können einzelne Schablonen aus den offenen Nuten leicht herausgehoben werden.

Die unter 2, 3, 4 aufgeführten Nachteile des Verhaltens der Drehstrommotoren bleiben bestehen, so lange es nicht gelingt, Drehstrommotoren mit veränderlicher Drehzahl zu bauen und den Einflufs des Kosinus φ zu kompensieren. Zur ziffernmäfsigen Erläuterung möge noch nachfolgendes Beispiel dienen:

6. Zahlenbeispiel.

Verlangt sei, dafs ein Motorwagen von 20 Sitz- und 15 Stehplätzen nebst zwei Anhängewagen von gleichem Fassungsraume einerseits eine Steigung von $q = 40\,^0/_{00}$ und 800 m Länge mit zwei Haltestellen nehmen und anderseits auf der Wagerechten etwa 30 km in der Stunde höchste Fahrgeschwindigkeit entwickeln soll. Die Steigung liegt an einer Stelle der Strecke, wo die Spannung nicht unter etwa 90 % abgefallen sein darf. Dasselbe wird beim Vergleich auch für das Anfahren auf der Wagerechten vorausgesetzt. Spannung für Gleichstrom am nächsten Speisepunkt 725 Volt, auf der Steigung 650 Volt. Die Spannung von 725 Volt soll möglichst wenig überschritten werden. Alle 400 m ist eine Haltestelle auf der Steigung, alle 500 m auf der Wagerechten.

Die Berechnungen der Motoren und die Anfahrlinien sind in den Anhängen II, III und IV zusammengestellt, und das Ergebnis dieser und der zahlenmäfsige Vergleich zwischen einer Ausrüstung für Gleichstrom und einer solchen für Drehstrom ist im Anhang V durchgeführt.

Die Berechnungen sind zunächst des Vergleiches wegen für dieselbe Spannung von 650 Volt aufgestellt, aber gleichzeitig ist der Berechnung des Drehstrommotors auch diejenige für 1150 Volt beigefügt, die für die Aufstellung der Anfahrlinien und die Berechnung der Leitungsanlage zu benutzen ist.

Endlich ist auch die höchste Spannung von 2000 Volt angegeben, für welche der Motor sich noch wickeln lassen würde, bei der er aber schon ungünstig arbeitet.

Da beim Gleichstrommotor die Drehzahlen bei starker Belastung erheblich niedriger sind als beim Drehstrommotor, so hat er weniger Perioden als dieser, kann also mit erheblich höheren Sättigungen im wirksamen Eisen arbeiten, ohne doch zu grofse Eisenverluste zu haben.

Die bei starker Belastung niedrigere Drehzahl des Gleichstrommotors verlangt auch einen Ausgleich im Fahrplan derart, dafs der Gleichstrommotor mit etwas gröfserer Zahnradübersetzung ausgerüstet werden mufs, im vorliegenden Falle mit 1 : 5,1, gegenüber der gröfsten anwendbaren von 1 : 5,8 des Drehstrommotors. Beim höchsten Moment von 85,5 mkg hat der Gleichstrommotor nur etwa 60 % der Drehzahl des Drehstrommotors beim gröfsten Moment, dadurch wird die Höchstleistung für den Zug wesentlich kleiner, und zwar unter Berücksichtigung der Übersetzungsverhältnisse nur $60 \cdot \frac{5,8}{5,1} = 68\,\%$ derjenigen des Drehstrommotors.

Während des Anfahrens müssen infolgedessen für diesen 108 PS, für den Gleichstrommotor brauchen nur 67,8 PS, geliefert zu werden.

Letzterer eignet sich also mehr für starken Anfahrbetrieb, bringt gleichmäſsigere Belastung der Leitungsanlage hervor (vergl. diese und die Schaubilder) und arbeitet kürzere Zeit mit vorgeschalteten Widerständen, also sparsamer.

Die Berechnungen und Schaulinien zeigen ferner, daſs den aufgestellten Bedingungen ein Gleichstrommotor von 1025 kg Gewicht entsprechen wird, welcher auf der Steigung dem Zuge eine Geschwindigkeit von etwa 20,45 km in der Stunde bei 650 Volt Spannung und auf der Wagerechten von rd. 31,0 km in der Stunde erteilt. Das höchste für das Anfahren in Betracht kommende Drehmoment dieses Motors ist etwa 85,5 kgm, welches ohne Schaden für kurze Zeit noch bis aufs Doppelte dieses Betrages gesteigert werden könnte.

Der für dieselben Lasten geeignete Drehstrommotor muſs so stark sein, daſs er bei 50 Perioden in der Sekunde auch auf der Steigung rd. 27,8 km Geschwindigkeit dem Zuge erteilen kann. Er hat dementsprechend eine etwa 1,35fache Leistung aufzubringen als der Gleichstrommotor und wiegt 1250 kg. Sein höchstes Moment für das Anfahren ist rd. 81 kgm und liegt etwa 16 % unter dem wirklichen höchsten von 90 kgm. Das Moment von 97 kgm darf nicht mehr überschritten werden, ohne daſs der Motor der Gefahr ausgesetzt wird, bis zum Kurzschluſsstrom abzufallen.

Die Zahnradübersetzung 1 : 5,8 ist eine ungünstigere als die 1 : 5,1.

Der Kraftverbrauch bei Drehstrombetrieb ist höher als bei Gleichstrombetrieb.

7. Läſst sich im vorliegenden Falle eine Steigerung der Motorleistung vornehmen und verwerten?

Es liegt nun der Gedanke nahe, ob es nicht möglich sein würde, die Leistung des Drehstrommotors gegenüber der des Gleichstrommotors noch so zu steigern, daſs der erstere günstiger arbeitet. Zur Änderung der Leistung überhaupt sind drei Mittel anwendbar.

1. Periodenzahl und Spannung im gegebenen Verhältnis zu ändern,
2. Spannung allein zu ändern,
3. Periodenzahl allein zu ändern.

Ändert man Periodenzahl und Spannung in dem gegeben Verhältnis (etwa 1 : 23) und erhöht beide, so würde wohl eine Steigerung der Leistung des Drehstrommotors durch Steigerung der Drehzahl eintreten, aber dieselbe würde nutzlos sein, da eine gröfsere Zahnradübersetzung als 1:5,8 sich nicht mehr einbauen läfst und mit der höheren Periodenzahl nur eine gröfsere Geschwindigkeit des Wagens, nicht aber eine Entlastung des Motors eintreten würde. Aufserdem würden die Eisenverluste im Motor wachsen, und zwar die der Hysteresis proportional der Periodenzahl, die der Wirbelströme proportional dem Quadrat der Periodenzahl, und aufserdem würden in der Leitungsanlage mehr Verluste durch Selbstinduktion auftreten (vergl. diese unter c). Dagegen würde eine Steigerung der Leistung des Gleichstrommotors durch Erhöhung der Spannung noch verwertbar sein, da die Übersetzung 1:5,1 sich noch vergröfsern liefse.

Würde umgekehrt versucht werden, den Drehstrommotor zu entlasten, indem man die Periodenzahl und Spannung im gegebenen Verhältnis (1:23) ermäfsigt, dadurch die Drehzahl herabsetzt und damit die Anfahrleistungen verkleinert, so wird sich der Fahrplan nicht mehr einhalten lassen.

Ändert man die Spannung allein und versucht man das wirksame Eisen stärker zu sättigen, indem man die primäre Windungszahl verkleinert, oder bei gleicher Windungszahl die Spannung erhöht, so würde die Leistung steigen, jedoch würden die Eisenverluste proportional der 1,6 fachen Potenz der Eisensättigung wachsen und der Magnetisierungsstrom würde steigen, also der Kosinus im allgemeinen, besonders aber für volle Fahrt schlechter werden, während die Kupferverluste etwas abnehmen würden. Eine durchschlagende Wirkung zu Gunsten des Drehstrommotors wird aber nicht erzielt, denn auch beim Gleichstrommotor würde eine ähnliche Änderung und noch eine Steigerung möglich sein, wie eben schon erwähnt.

Da endlich eine Änderung der Polzahl des Drehstrommotors erfahrungsgemäfs bei dem gegebenen Aufsendurchmesser den Aufbau des Motors ungünstig beeinflussen würde, so bliebe nur noch eine Verminderung nur der Periodenzahl allein, z. B. auf 45 Perioden, als letzter Versuch übrig, den Motor günstiger auszunutzen. In der Formel $E 10^8 = N 2{,}22 \cdot \sqrt{3} \backsim 2 \cdot Z$ würde dann die Kraftlinienzahl N bei derselben Windungszahl auf das 1,11 fache gesteigert werden müssen, so dafs die Eisenverluste etwas gröfser sein würden. Die Zahnradübersetzung würde von 1:5,8 auf 1:5,1 geändert werden müssen, um den Fahrplan zu halten, also würde das vom Motor auszuübende Drehmoment und der Strom auf das 1,14 fache steigen, also die Kupferverluste im Motor zunehmen, und der Motor ist stärker beansprucht,

Es folgt mithin aus der letzten Betrachtung des Absatzes 7, dafs der Vergleich zwischen beiden Motoren nicht zu Ungunsten des Drehstroms angestellt ist.

Der Gleichstrommotor aber liefse sich noch insofern verbessern, als er sich ebenfalls mit 1,5 mm bis 2 mm Luftraum bauen läfst und zur Sicherung der Wickelung gegen die Fliehkraft nicht die den Luftraum vergröfsernden Bandagen, sondern Keile verwendet werden könnten. Hierdurch wird der Wirkungsgrad wesentlich verbessert, wie aus dem Schlusse des Anhanges II ersichtlich ist.

8. Widerstände.

Ebenso wie die Motoren werden auch die Widerstände für Drehstrombetrieb schwerer, dazu aber auch wiederum verwickelter als die einfacheren für Gleichstrom. Denn sie müssen für drei Zweige gebaut und für höhere Beanspruchung berechnet werden, da sie länger eingeschaltet bleiben. Im Verhältnis zur längeren Beanspruchungsdauer steht auch der Wattverbrauch, der besonders ungünstig für den Anfahrbetrieb wird, wenn man die höchst unbequeme Kaskaden- und Nebeneinanderschaltung mit Rücksicht auf gröfsere Einfachheit fortläfst. (Vergl. Anhang IV.)

Aus dem in diesem Abschnitt b Gesagten geht deutlich hervor, dafs für den Anfahrbetrieb und für die Gröfse von Motoren, wie sie bei Strafsenbahnen üblich ist, die Ausrüstung der Fahrzeuge mit Gleichstrommotoren mit Hauptschlufswicklung als einfacher, leichter und billiger der Ausrüstung mit Drehstrommotoren entschieden vorzuziehen ist, und dafs dieselben mit Vorteil möglichst nur da angewendet werden, wo gleichmäfsige Geschwindigkeit verlangt und genügender Raum zur Unterbringung gegeben ist, sodafs höhere Spannungen angewendet werden können.

c) Ausrüstung der Leitungsanlage.

Zu dem Nachteile der schwereren und teuren Betriebmittel kommt bei Drehstrommbetrieb noch der der kostspieligeren Leitungen hinzu; dies ist ebenfalls ein gewichtiger Grund, welcher der Einführung des Drehstromes überhaupt, besonders aber der für Strafsenbahnen entgegenwirkt.

Gegenüber der allgemein bekannten Leitungsanordnung ist es bei Drehstrombahnen nötig, wenigstens zwei, besser jedoch drei Leitungen oberirdisch zu führen. Es entstehen hierdurch eine sehr verwickelte Anlage namentlich der Weichen uud Krümmungen, umfangreichere Schaltkästen und ein schweres Tragwerk der Leitungen, da das wesentlich gröfsere Gewicht der aufzuhängenden Leitungen auch die Leitungsmaste stärker auf Biegung beansprucht.

Legt man die eine der drei Leitungen an Erde, wodurch eine Vereinfachung erzielt wird, so sind bedeutende Telephonstörungen die Folge, und es sind bedeutende Kosten für Verlegung von Doppelleitungen für den Telephonbetrieb aufzuwenden.

Aufserdem würde durch die ungleichen Abstände der Leitungen die gegenseitige Induktion der Leitungen und die eigene Induktion der dritten Leitung (eiserne Fahrschiene) erhöht werden. Durch Versuche an Fahrschienen wurde nachgewiesen, dafs in Fällen starker Belastung der Spannungsverlust in den Schienen bei Wechselstrom das 10fache derjenigen bei Gleichstrom betrug. Man wird daher gut tun, zu den Fahrschienen noch eine Kupferleitung von derselben Stärke wie die beiden anderen daneben zu legen und damit zu verbinden, so dafs die eiserne Schiene gewissermafsen nur als Stromabnehmer wirkt.

Die Leitungsanlage hat bei Drehstrombetrieb höhere, durch das Anfahren verursachte Augenblickbelastungen aufzunehmen, mufs also mit höheren Spannungen arbeiten, als eine Anlage für Gleichstrom, wie aus dem folgenden Absatz erkennbar ist.

Ob aber mit Rücksicht auf etwaige Gefahren für den Verkehr auf den öffentlichen Strafsen eine höhere als die übliche Gleichstromspannung für Strafsenbahnen bis 600 Volt und höchstens 750 Volt von den Behörden gestattet werden würde, ist sehr zweifelhaft.

1. Verhältnis der Spannungen.

Der Unterschied in den zu benutzenden Spannungen wird zum grofsen Teil auf den unter b) »Motorische Ausrüstung« erwähnten Umstand zurückzuführen sein, dafs bei Drehstrom für Anfahren und Fahren auf Steigungen mehr sekundliche Leistung erforderlich ist als bei Gleichstrom. Das Verhältnis, in welchem die Spannungen für beide Stromarten etwa zueinander stehen müssen, läfst sich annähernd und genau genug bestimmen, so dafs die Verhältnisziffer, die ihm Anhang VI entwickelt ist, für die oberflächliche Beurteilung von Entwürfen und erste Überschlagsberechnung der erforderlichen Leitungsspannung benutzt werden kann.

Der gewonnene Ausdruck

$E_d = E_g \sqrt{y \sqrt{1 + [C]^2}}$ enthält die Konstante C, welche die Gröfse hat $C = L_s \cdot \sim \cdot q \cdot \frac{1}{c}$.

Hierin wird in den meisten Fällen der Querschnitt q die Gröfse der üblichen Ausführung 50 qmm haben; ihn zu vergröfsern hat keinen Zweck, da dann auch C gröfser wird. Es wird also für viele Entwürfe die Gröfse der anzuwendenden Spannung wesentlich von der angewendeten Periodenzahl beeinflufst werden. Wendet man z. B. statt 50 Perioden nur $33^1/_2$ Perioden oder 17 Perioden an, so würde bei 50 qmm pro Leitung

E_d bei $33^1/_2$ Perioden schwanken zwischen 1,2 E_g bis 1,3 E_g
E_d » 17 » » » 1,15 E_g » 1,25 E_g

je nachdem mehr oder weniger Fahrzeuge gleichzeitig anfahren. Man sollte also die Periodenzahl so niedrig wie möglich setzen, um die Verluste durch Selbstinduktion klein zu machen, jedoch werden dann auch die Motoren wieder schwerer und teurer, ebenso Transformatoren u. a. m.

Die Wahl der Perioden ist auch keineswegs beliebig, sondern hängt vielfach von der Fahrgeschwindigkeit ab, namentlich wenn der Antrieb der Motoren auf die Radsätze unmittelbar erfolgt.

Ebenso wird die Wahl der Periodenzahl beeinflufst durch die Frage der Beleuchtung der Fahrzeuge. Wird der hierzu nötige Strom von den Kraftleitungen im Fahrzeuge durch kleine stehende Transformatoren abgezweigt, so ist eine gute Beleuchtung bei Periodenzahlen von 40—50 noch zu erzielen, bei 30—40 Perioden ist sie schon weniger gut und stärker schwankend, bei 15—30 Perioden aber so schwankend, dafs es vorzuziehen ist, kleine umlaufende Gleichstrom-Umformer oder Akkumulatoren anzuwenden.

Die vorstehenden Gründe lassen darauf schliefsen, dafs die Mehrzahl späterer Ausführungen von Bahnen mit Drehstrombetrieb voraussichtlich wohl mit Periodenzahlen zwischen 30 und 50 arbeiten wird.

2. Spannungsverluste und Energieverluste.

Was nun die Spannungsverluste selbst anbelangt, so beweisen die Ermittelungen über die Beanspruchung der Leitungsanlage Anhang VII, dafs die nach der Schätzungsformel gewählte Drehstrom-Spannung von 1150 Volt ausreichend ist, um bei denselben Spannungsverlusten wie bei Gleichstrom, gleichen Querschnitten der Leitungen auf gleiche Entfernungen die für die Züge benötigte Energiemenge zu übertragen.

Trotz der hohen Spannung stellt sich noch immer als besonders ungünstig der Fall für Drehstrom dar, wenn zwei Züge gleichzeitig anfahren, was erfahrungsgemäfs infolge mangelhafter Einhaltung des Fahrplans doch öfter eintritt. Für Gleichstrom bringt in solchem Falle der Spannungsverlust keine ungünstige Wirkung hervor, da ja eine ähnliche beim Anlassen ohnehin künstlich durch die Widerstände erzeugt wird, für Drehstrom vermindert er dagegen das Drehmoment in gefährlicher Weise.

Daraus folgt, dafs die Leitungsanlage bei Drehstrom keine aufsergewöhnlichen Belastungen, wie sie im Betriebe oft genug infolge von Verkehrsstockungen eintreten können, verträgt, wenn sie nicht für die normalen Belastungen sehr reichlich bemessen ist.

Also mufs auch bei jeder Anlage die Möglichkeit einer stärkeren Belastung des bestehenden Netzes durch Betriebsverstärkung von vornherein ins Auge gefafst werden. Denn es genügt nicht, wie es bei Gleichstrom sehr oft der Fall ist, einfach zu den bestehenden Leitungen nur Speiseleitungen oder Zusatzleistungen hinzuzufügen, die nur den Ohmschen Verlust vermindern, sondern man mufs auch auf eine Verminderung der Induktionsverluste durch Verkürzung der Leitungsstrecken und Einlegen neuer Speisepunkte bedacht sein.

Hinsichtlich der Spannungsverluste verhält sich also eine Leitungsanlage für Drehstrom ungünstiger als eine solche für Gleichstrom. Dasselbe gilt für die Energieverluste (vergl. Anhang VII). Was aber für den vorliegenden Fall nachgewiesen ist, behält auch für andere Fälle Gültigkeit, da es durch die Eigentümlichkeiten der Stromart bedingt ist.

Wenn also eine Drehstromanlage vorteilhaft sein soll, so müssen so hohe Spannungen gewählt werden, dafs die für die Anlage erforderlichen Aufwendungen kleiner sind als die Aufwendungen dafür bei Gleichstrom.

Das kann der Fall sein, wenn sehr grofse Energiemengen zu übertragen und sehr hohe Spannungen anzuwenden sind. Denn nur dann werden voraussichtlich die für Einrichtungen zur Vermeidung unwirtschaftlicher Spannungs- und Energieverluste aufzuwendenden Kosten in Anlage und Betrieb bei Übertragung durch Gleichstromleitungen höhere sein als die gleichen für Drehstromleitungen, und nur dann werden aufserdem noch die Nachteile des Kraftwerks durch die Vorteile der Leitungsanlage bei der hohen Spannung mit aufgewogen werden können. Nach diesen Gesichtspunkten erfolgt auch die Begrenzung der Anwendungsgebiete für die Stromarten. (Vergl. Abschnitt B, II.)

d) Ausrüstung der Kraftwerke.

Dieselbe schon für die Leitungsanlage ungünstige Erscheinung, dafs die Anfahrleistungen im Drehstrombetriebe höhere sind als im Gleichstrombetriebe, ist auch von starkem Einflufs auf die Stromerzeuger und erhöht die für diese bereits an und für sich bestehende Schwierigkeit, die vom Kraftwerk zu liefernde Spannung gleichmäfsig zu halten, wie doch für die Gröfse der Drehmomente der Motoren so notwendig ist. Wenn die Leerlaufcharakteristik einer Gleichstrommaschine Fig. 1 Tafel II mit derjenigen einer Drehstrommaschine Fig. 2 verglichen wird, so ist daraus ohne weiteres ersichtlich, dafs letztere sich ungünstiger verhält als erstere, und zwar ist für Drehstrom $\cos \varphi = 0{,}7$, die Leerlaufspannung 18,5 % über der normalen Spannung bei Volllast und für Gleichstrom die Leerlaufspannung 10 % über der normalen. Hieraus folgt annähernd richtig, dafs Überlastungen der Gleichstrommaschinen mit Rücksicht auf Spannungsabfall bis 125 % der Volllast sehr wohl eintreten dürfen, dafs man dagegen bei Drehstrommaschinen gut tut, möglichst nur bis 100 % Volllast zu geben.

Ein Drehstromkraftwerk mufs deshalb mit um so viel gröfseren Stromerzeugern ausgerüstet werden, als erstens den gröfseren Spannungsverlusten in den Maschinen und zweitens den an sich höheren Anfahrleistungen entspricht.

Die Drehstrommaschinen sind nun zwar leichter als die Gleichstrommaschinen, aber trotzdem nicht billiger, da die Ersparnisse an Material durch die Mehrkosten für die Arbeitslöhne aufgewogen werden. Das Kraftwerk wird daher teurer.

Man wird gut tun, eine selbsttätige Regelung der Erregung für die Drehstrommaschinen vorzusehen, die man für Gleichstrommaschinen nicht braucht, da man bei denselben den gleichen Zweck dadurch erreicht, dafs man eine Compoundwickelung anwendet.

Der Vorteil der Verwendung von Bufferbatterien in Verbindung mit Gleichstrom-Nebenschlufsmaschinen kann für Drehstrom nicht zur Anwendung gelangen.

Die Leitungs- und Schaltanlagen der Drehstromkraftwerke sind teurer als für Gleichstrom.

Wie bei dem vorstehenden Zahlenbeispiel, so wird auch für viele andere Entwürfe die genauere Durchrechnung das Ergebnis liefern, dafs die Gleichstromausrüstung in ihren Einzelheiten sowohl als in der Gesamtheit der Anlagen für Bahnbetriebe viele Vorteile gegenüber der Drehstromausrüstung besitzt und besonders für Strafsenbahnen entschieden vorzuziehen ist, da die Mittel, den Drehstrom vorteilhaft zu benutzen, nicht ohne weiteres angewandt werden können.

Es hängen nun sowohl die Anlagekosten als besonders die Betriebskosten sehr von den gegebenen örtlichen Verhältnissen und Bedingungen ab, und deshalb kann die eben genannte Behauptung selbst für Strafsenbahnen nicht ganz allgemein aufgestellt werden.

Tatsache ist aber, dafs mit verschwindend wenig Ausnahmen der Drehstrom für Strafsenbahnen nicht oder nur mittelbar in der Weise zur Anwendung gebracht wird, dafs er in gröfseren Kraftwerken mit einer Spannung von mehreren Tausend Volt erzeugt, nach entfernt liegenden Unterstationen geleitet und dort in Gleichstrom umgewandelt wird.

Als vorteilhaftestes System für Strafsenbahnen (und auch für Kleinbahnen mit ähnlichem, nicht zu grofsem Kraftbedarf für die einzelnen Züge) wird man daher das folgende nehmen:

System 1. Stromart Gleichstrom 500—700 Volt, von blanken oberirdischen (oder unterirdischen) Fahrleitungen abgenommen und unmittelbar den Motoren zugeführt. Erzeugung des Stromes in:

a) einem oder mehreren Kraftwerken für bestimmte Bezirke Spannung 500—700 Volt. Gegebenenfalls Zuhilfenahme von Zusatzmaschinen, von Akkumulatorenbatterien, die im Kraftwerk selbst aufgestellt oder an bestimmte Punkte des Netzes verteilt sind. Fahrleitungen in unmittelbarer Verbindung mit den Schalttafeln der Kraftwerke. Lage der Kraftwerke im Mittelpunkt der Bezirke bezw. in unmittelbarer Nähe der Hauptspeisepunkte;

b) einer Anzahl von Unterstationen, die vom Hauptkraftwerk durch besondere Zuleitungen hochgespannten Drehstrom (oder Gleichstrom) empfangen, diesen mit Hilfe umlaufender Umformer in Gleichstrom von 500—700 Volt umwandeln und damit bestimmte Bezirke speisen. Gegebenenfalls Zuhilfenahme von Akkumulatorenbatterien in den Unterstationen oder an bestimmten Punkten des Netzes. Fahrleitungen in unmittelbarer Verbindung mit den 500—700 Volt-Schalttafeln der Unterstationen. Lage des Hauptkraftwerkes beliebig und weniger beschränkt wie bei a).

Günstiger für die Anwendung des Drehstromes gestalten sich die Vorbedingungen bei Bahnen mit eigenem Bahnkörper. Bei diesen kann er gegebenenfalls dem Gleichstrome überlegen sein und in manchen Fällen, in denen mit Rücksicht auf die Kosten an die Anwendung des letzteren nicht mehr zu denken ist, mit Erfolg noch nutzbar gemacht werden. Es soll die Aufgabe des nächsten Abschnittes sein, dies näher zu untersuchen.

II. Anwendung des Drehstromes für Bahnen mit eigenem Bahnkörper, Klein- oder Vorortbahnen und insbesondere bei Vollbahnen.

In dem vorigen Abschnitt sind festgestellt worden als Vorteile der Anwendung des Gleichstromes gegenüber der des Drehstromes:

1. gröſsere Einfachheit der Einrichtungen,
2. das Verhalten des Hauptstrommotors, sich sein magnetisches Feld selbsttätig nach Bedarf zu regeln und die Drehzahl dabei zu ändern. Im Zusammenhang damit besseres Anfahren, geringerer Wattverbrauch, geringere Stöſse in der Belastung der Anlage, leichterer Wechsel im Befahren von Ebene und Steigung;
3. bei bestimmter Länge der Kraftübertragungsleitung ist für Drehstrom eine wesentlich höhere Spannung nötig wie für Gleichstrom;
4. gleichmäſsigere Spannung im Kraftwerk;
5. Kraftwerke mit Akkumulatorenbatterien als Hilfe für die Maschinen zur Aufnahme plötzlicher starker Energientnahme und starker Stöſse in der Belastung.

Diesen stehen folgende Vorteile der Drehstromanlagen gegenüber:

1. Verwendung stillstehender Transformatoren (im Gegensatz zu umlaufenden) zur Erhöhung oder Erniedrigung der Spannung;
2. die Drehstrommotoren lassen sich im Gegensatze zu den mit Kommutatoren ausgerüsteten Gleichstrommotoren leichter für hohe Spannungen bauen. (Auch ein geringes Feuern der Kommutatoren greift diese selbst an und verursacht leicht bei gröfseren Spannungen und gedrängtem Bau ein Überspringen der Spannung nach dem Gehäuse oder von Bürste zu Bürste.) Leichtere Kontrolle des Fahrplans durch Selbstregelung der Fahrgeschwindigkeit durch die Motoren;
3. Verwendung höherer Spannung in den Fahrleitungen;
4. Verwendung einer gegen die Fahrleitungsspannung erhöhten Spannung in den Übertragungsleitungen. Kraftlieferung auf weitere Entfernung aus grofsen Kraftwerken mit guten Maschinen.

Aus den Vorteilen beider Stromarten ergeben sich im folgenden von selbst die Anwendungsgebiete derselben.

Was zunächst insbesondere die Vorortbahnen sowie die Hoch- und Untergrundbahnen angeht, so handelt es sich hier nicht allein wie bei Strafsenbahnen vielfach um schwankende Kraftentwickelung und um Überwindung von Steigungen, sondern obendrein noch um Übertragung gröfserer Kraftmengen; aber der Umstand, dafs diese Bahnen einen eigenen Bahnkörper haben, gewährt mehr Freiheit in der Ausbildung der Anlage der Stromzuführungsleitungen.

Einerseits ist es möglich, über dem Erdboden in unmittelbarer Nähe des Fahrschienengleises seitlich von demselben oder in der Mitte kräftige eiserne (auch kupferne) isolierte Schienen ohne zu hohe Kosten zu verlegen (sog. dritte Schiene, besonders für Gleichstrom geeignet), so dafs grofse Querschnitte für die Fortleitung des Stromes zur Verfügung stehen; anderseits kann ebenfalls, ohne die Kosten der Leitungsanlage und der Betriebsmittel unverhältnismäfsig zu erhöhen, die Spannung des elektrischen Stromes in den blanken oberirdischen Leitungen höher gewählt werden (besonders für Drehstrom geeignet), so dafs die im Verhältnis zur höheren Spannung kleiner gewordenen Ströme in den üblichen Querschnitten ohne Überschreitung der zulässigen Spannungsverluste nach entfernteren Punkten geleitet werden können. Die gröfsere Freiheit in der Wahl der Spannung und der Leitungsanlage gestattet daher auch, alle Vorteile, die jede der beiden Stromarten der anderen gegenüber hat, in dem Wettkampfe auszunutzen.

Nach den Ausführungen des vorigen Abschnittes erscheint es trotzdem bereits von vornherein zweifelhaft, ob für die ebengenannten

Bahnen die Nachteile der verwickelteren Anordnung und Handhabung der Einrichtungen für Drehstrom nicht die Vorteile dieser Stromart überwiegen, namentlich wenn man bedenkt, dafs bei den ebengenannten Bahnen noch die Schwierigkeit hinzukommt, in verkehrsarmen Stunden Zugseinheiten verkehren zu lassen, in verkehrsreicheren Stunden aber mehrere solcher Einheiten zu einem gemeinsamen Ganzen vereint in Umlauf zu bringen und von der Spitze des Zuges aus die Schalt einrichtungen der Einheiten zur Ingangsetzung und zum Stillsetzen gemeinsam und gleichzeitig zu betätigen.

Können jedoch Vorbedingungen geschaffen werden, die der Eigenart des Drehstrommotors Rechnung tragen, nämlich ruhiger und gleichmäfsiger Kraftverbrauch, bei welchem die Motoren ständig mit derselben Drehzahl arbeiten können, so wird der Erfolg der Anwendung des Drehstromes nicht ausbleiben können. Solches ist bei Fern bahnen für Schnellverkehr und bei Gebirgsbahnen der Fall. Bei beiden ist der Unterschied zwischen kleinster und gröfster Zugkraft geringer, und es tritt kein so heftiger Wechsel in kurzen Zwischenräumen von Vollbelastung zur Lastlosigkeit auf, sondern es ist eine grofse Kraftentwickelung während längerer Zeit erforderlich, bei ersteren verursacht durch die hohe Geschwindigkeit, bei letzteren durch Überwindung des Widerstandes der Steigung.

Auch die Eigenschaft des Drehstrommotors, die Fahrgeschwindigkeit zu regeln, indem er durch Erhöhung der Drehzahl um wenige Prozent und durch Übergang vom untersynchronen Zustand als Motor zum übersynchronen Zustand als Stromerzeuger bremsend wirkt, ist für solche Bahnen von Vorteil. Bei der Talfahrt auf Bergbahnen können die Motoren, indem sie die Fahrgeschwindigkeit durch ihre bremsende Wirkung genau regeln, einen gröfseren Teil des bei der Bergfahrt verbrauchten Stromes an das Netz und, wenn nicht sofort wieder Verwendung für den Stromgewinn da ist, in einen Kraftspeicher zurückgeben.

Die für den grofsen Kraftbedarf erforderlichen Drehstrommotoren werden kräftig, grofs und geräumig, so dafs sie sowohl guten Wirkungsgrad, als auch guten Kosinus selbst bei höheren Spannungen noch haben. Man kann diese gröfsere Sorte Drehstrommotoren sicher für Spannungen bis 4000 Volt bauen und wird auch bis 10000 Volt kommen können, während man wohl nach dem jetzigen Stande der Praxis annehmen kann, dafs man auch bei den gröfseren Gleichstrommotoren mit der Spannung nicht gern über 1000—1500 Volt Spannung am Kommutator von Bürste zu Bürste wird gehen wollen.

Man wird daher aufser dem bereits behandelten uud genannten System 1 für Strafsenbahnen, welches natürlich auch für Kleinbahnen verwendbar ist, folgende Fälle und Systeme der Übertragung elektrischer Kraft für den Betrieb elektrischer Bahnen in Betracht zu ziehen haben:

System 1. Strafsenbahnen (wie vorher).

System 2. Gleichstrom 700—1000 Volt meist von der sog. dritten Schiene aber auch von blanken oberirdischen Fahrleitungen abgenommen. Motoren die gleiche Spannung (Grenze der Mittelspannung) Fahrleitungen, und Stromerzeugung wie bei dem genannten Strafsenbahnsystem 1. Geeignet für Vorortbahnen und Kleinbahnen mit kürzeren oder längeren Haltestellen-Entfernungen, Hoch- und Untergrundbahnen. In den meisten Fällen vorteilhafter als Drehstrom unter 3.

System 3. Drehstrom 700—1000 Volt von 2—3 blanken oberirdischen Fahrleitungen abgenommen. Motoren die gleiche Spannung. Stehende Transformatoren längs der Strecke. Erzeugung in einem Kraftwerk mit beliebiger Primärspannung. Fahrleitungen in unmittelbarer Verbindung mit den Schalttafeln der Transformatoren. Geeignet für Vorort- und Kleinbahnen mit längeren Haltestellen-Entfernungen.

System 4. Gleichstrom 1000—3000 Volt. Motoren die gleiche Spannung bezw. die Hälfte der Spannung. Fahrleitungen und Stromerzeugung wie unter 1. Auch als Dreileitersystem ausführbar, Spannung zwischen Mittelleiter und Hauptleiter 1000—1500 Volt, wird von zwei blanken oberirdischen Fahrleitungen abgenommen (s. Anmerkung).

System 4 und 5 sind für die nächste Zukunft als einander gleichwertig anzusehen.

System 5. Drehstrom 1000—4000 Volt von 2—3 blanken oberirdischen Fahrleitungen abgenommen. Geeignet für Vorort und-Kleinbahnen.

Motoren die gleiche oder halbe Spannung.

Stromerzeugung in:

a) einem oder mehreren Kraftwerken der gleichen Spannung-Fahrleitungen in unmittelbarer Verbindung mit der Schalttafel des Kraftwerkes;
b) stehenden Transformatoren längs der Strecke, denen vom Hauptkraftwerk aus Drehstrom von höherer Spannung (10—50000 Volt) durch besondere Speiseleitungen zugeführt wird. Fahrleitungen in unmittelbarer Verbindung mit der Schalttafel der Transformatoren.

System 6. Drehstrom 4000—10000 Volt von 2—3 blanken oberirdischen Fahrleitungen abgenommen. Motoren die gleiche oder halbe Spannung. Geeignet für Vollbahnen, besonders für Fernbahnen und Gebirgsbahnen bezw. Bahnen mit schweren Lastenzügen. Im übrigen Stromerzeugung wie unter 5.

System 7. 4000—10000 Volt und mehr von 2—3 blanken oberirdischen Fahrleitungen abgenommen, auf den Betriebsmitteln umgewandelt und dann den Motoren zugeführt. Die Umwandlung auf dem Fahrzeug kann geschehen in:

a) stehenden Transformatoren,

b) umlaufenden Umformern in Gleichstrom.

Im übrigen wie unter 5.

Bei diesem letzten System 7b ist auch die Verwendung von einphasigem Wechselstrom möglich. System 7 ist ebenso wie System 6 für Vollbahnen, besonders für Fernbahnen und Gebirgsbahnen, geeignet.

Anmerkung zu System 4. Der Unterschied zwischen System 2 und 4 besteht hauptsächlich darin, dafs die Spannungsverluste in der Schienenrückleitung bei System 4 geringer werden.

Sind gleiche Kosten für den Kilometer Leitung vorausgesetzt, so läfst sich herstellen:

1 km Fahrleitung dritter Schiene, einschliefslich allem Zubehör, jedoch ohne Schutzbalken, mit einem Eisenquerschnitt von 3650 qmm (28 kg), isoliert bis 1000 Volt Gleichstrom, Fahrschiene 4600 qmm (36 kgm).

1 km Fahrleitung oberirdisch, einschliefslich allem Zubehör, jedoch ohne Schutznetze mit einem Kupferquerschnitt von 200 qmm, isoliert bis 3000 Volt Gleichstrom, Fahrschiene 4600 qmm 36 kgm.

Für je ein zu übertragendes Kilowatt ist der Strom bei 800 Volt $\frac{1000}{800} = 1{,}25$ Amp, bei 2000 Volt $\frac{1000}{2000} = 0{,}5$ Amp, daher der Spannungsverlust für je 10 km in der Leitung

$$E'_{800} = \frac{1{,}25}{7} \cdot \frac{10\,000}{3650} + \frac{1{,}25}{7} \cdot \frac{10\,000}{2 \cdot 4600} = 0{,}49 + 0{,}194 = 0{,}684 \text{ Volt}$$

$$E'_{2000} = \frac{0{,}5}{57} \cdot \frac{10\,000}{200} + \frac{0{,}5}{7} \cdot \frac{10\,000}{2 \cdot 4600} = 0{,}44 + 0{,}062 = 0{,}502 \text{ Volt.}$$

Der Spannungsverlust ist bei 2000 Volt insgesamt kleiner nämlich rd. 75 % von dem bei 800 Volt, während der Spannungsverlust in der Rückleitung bei 2000 Volt nur rd. 32 % desjenigen bei 800 Volt beträgt.

Wenn es dagegen gelingt, mit 3000 Volt Gleichstrom zu fahren, so verringern sich diese Werte auf 50 bezw. 20 %.

Will man sich Klarheit über die Tragweite der einzelnen Systeme verschaffen, so würde eine blofse Feststellung dessen, welche Kraftmengen auf bestimmte Entfernungen sich übertragen lassen, nicht genügen, da für eine neue Anlage zu viele und zu verschiedenartige Bedingungen gestellt sind. Man erhält vielmehr eine gröfsere Übersicht über die Anwendbarkeit durch Betrachtung bestimmter Beispiele.

Besondere Merkmale und Einzelheiten solcher Anwendungsbeispiele sind in Taf. III zusammengestellt. Drei der Anlagen, die der elektrischen Bahnen Burgdorf—Thun, Lecco—Colico—Chiavenna (Sondrio), und der Schnellbahn sind in den Anhängen VIII, IX und X überschlägig berechnet worden. Das Ergebnis der Betrachtung ist, dafs das System 3 und 5 noch keine solche Überlegenheit gegenüber System 2 und 4 besitzen, dafs letztere nicht ebensogut zur Anwendung kommen können.

Für Fälle ähnlich dem der Berliner elektrischen Hoch- und Untergrundbahn[1]) ist sogar die Anwendung von System 3 oder 5 vollkommen ausgeschlossen. Denn der Umstand, dafs die Bahn auch Untergrundstrecken besitzt, bringt von vornherein eine derartige Beschränkung des Profiles mit sich, dafs weder für die Durchhänge von oberirdischen Fahrleitungen (für unter oder über 1000 Volt Spannung), noch für die dazu nötigen Stromabnehmer genügend Raum vorhanden sein würde, ebensowenig für blanke Hochspannungszuleitungen von über 10000 Volt.

Dieselbe Raumbeschränkung gilt für die Wagen. Es ist nicht möglich, die Leitung zu den Motoren, die Schaltapparate, die bei Anwendung von über 1000 Volt Spannung zu den Hochspannungsapparaten gehören würden, räumlich unterzubringen; auch die Widerstände und Anlasser würden unter dem Wagenfufsboden keinen Platz finden können. Die gemeinschaftliche, jetzt sehr einfache Steuerung beider Motorwagen von der Spitze des Zuges würde bei Verwendung von Drehstrom sehr grofse Schwierigkeiten bereiten.

Als Fahrleitungen könnten nur drei oberirdische Leitungen in Betracht kommen, da es mit Rücksicht auf Telephonstörungen unmöglich ist, eine Phase an Erde zu legen, und da drei Schienenleitungen zu ebener Erde sowohl räumlich, als hinsichtlich Betriebsgefahren erst recht unausführbar wären. Die Ausbildung der Fahrleitungen für zweigleisige Ausweichen, Kreuzungen etc. würde zu ganz unmöglichen Konstruktionen führen und schon bei zwei oberirdischen Fahrleitungen sehr grofse Schwierigkeiten bereiten.

Aber selbst wenn sämtliche Hindernisse nicht in dem Mafse vorlägen, als es der Fall ist, und wenn oberirdische Leitungen sich spannen liefsen, würde doch die Anwendung von Drehstrom immer noch Nachteile bieten, da derselbe keine regelrechte Hintereinander- und Nebeneinanderschaltung zuläfst und für den scharfen Anfahrbetrieb nicht geeignet, ist wie im Abschnitt B gezeigt wurde.

Aufserdem würden schätzungsweise bei 900 Volt Spannung in den Fahrleitungen längs der Bahnstrecke etwa 16 Transformatoren aufzustellen sein, die von der längs der Strecke verlegten Hochspannungs-

---

[1]) Vergl. Beschreibung, Profile u. s. w. in der Zeitschrift des Vereins deutscher Ingenieure Bd. XXXXVI.

leitung (teilweise blank, teilweise Kabel) gespeist würden; dieselben würden solche Abmessungen haben müssen, dafs sie bei Überlastung das Anfahren von zwei Zügen mit je 500—600 Kilowatt aufnehmen könnten, ohne dafs die Spannung unzulässig abfällt.

Endlich müfsten die Maschinen im Kraftwerk wesentlich gröfser sein, da sie nicht durch Bufferbatterien unterstützt werden und überhaupt stärkere Stöfse beim Anfahren bekommen. Alles zusammengefafst würden schon die Anlagekosten für Drehstrom höhere werden, ohne dafs diese Mehrausgabe durch Betriebsersparnisse gerechtfertigt wäre.

Die Überschlagsberechnung für das zweite Beispiel, die elektrische Bahn Burgdorf—Thun (Anhang VIII), führt zu dem Ergebnis, dafs bei gleichen Anlagekosten für Ausrüstung mit Gleich- oder Drehstrom, bei der Gleichstromanlage eine etwas gröfsere Reserve geschaffen ist.

Die Betriebskosten werden bei Gleichstrom unter allen Umständen billiger werden als bei Drehstrom, da der Energieverbrauch durch die Hintereinander- und Nebeneinanderschaltung beim Anfahren wesentlich herabgemindert wird, aufserdem aber die Energieverluste in der Leitung kleiner werden.

Auf die Stromrückgewinnung beim Befahren des Gefälles ist in diesem Fall bei Drehstrom nicht sonderlich Wert zu legen, da ein Kraftspeicher fehlt. Befindet sich beispielsweise nur ein Zug in Tätigkeit auf der Strecke bergabfahrend, so kann er durch Stromrückgabe die Maschine im Kraftwerk antreiben und zum Durchgehen bringen. Bei Gleichstrom ist die Rückgewinnung sehr gut ausführbar, wenn man als Kraftspeicher eine Akkumulatorenbatterie in der Mitte aufstellt. Die Motoren der Wagen können als Stromerzeuger arbeiten, wenn man die Magnetwickelung gesondert mittels je einer an einem der Radsätze jedes Motorwagens angekuppelten kleinen Gleichstromdynamo erregt, so dafs die Motoren bei der Talfahrt wie Nebenschlufsmotoren arbeiten. Es ist nicht ersichtlich, dafs für das Beispiel 2 der Drehstrom besondere Vorteile bietet.

Dieselbe Art Ausrüstung wie Beispiel 2 hat Beispiel 4 (Transformatoren längs der Strecke), nur mit dem Unterschiede höherer Spannung in der Fahrleitung (System 5) und der Anwendung niederer Periodenzahl sowie Kaskadenschaltung der Motoren. Die Durchrechnung des Beispiels 4, Anhang IX, bietet nicht wesentlich Neues gegenüber Beispiel 2.

Besondere Schwierigkeiten sind in der Anwendung von 2000 Volt Gleichstrom nicht zu erblicken. Die elektromotorische Gegenkraft der Motoren von 2000 Volt wird durch Hintereinanderschaltung je einer Gruppe von zwei Motoren erzeugt. Die Spannung gegen Erde wird für die Motoren dadurch unschädlich gemacht, dafs der vordere beider Motoren von Erde sorgfältig isoliert wird; trotzdem kann er an Bürsten und Wickelung die volle Spannung allein aufnehmen.

Auch beim Vergleich von System 4 und 5 ist eine derartige Überlegenheit des Drehstromes noch nicht festzustellen, dafs der Gleichstrom für solche und ähnliche Fälle nicht noch ebensogut anwendbar wäre. Bewiesen wird letzteres auch durch eine andere in Nähe liegende Bahnanlage Mailand—Gallarate—Varese Beispiel 3 (System 2), die vollständig mit Gleichstrom ausgerüstet ist.

Dagegen zeigt die Berechnung von Beispiel 5, Anhang X, deutlich, dafs mit der Anwendung einer Gleichstromspannung von selbst 2500 Volt sich bei weitem nicht mehr das erreichen läfst, was die Drehstromspannung von 10000 Volt verkettet ermöglicht. In welcher Weise nun diese zur Anwendung kommen kann, wird im folgenden Abschnitt C angegeben.

C. Betrachtung der Versuche, hochgespannten Drehstrom von 10000 Volt verketteter Spannung zum Bahnbetriebe zu verwenden. Grundzüge der angewendeten Konstruktionen.

Der vorige Abschnitt schlofs mit dem Ergebnis, dafs eine wirkliche Überlegenheit des Drehstromes gegenüber dem Gleichstrom unzweifelhaft erst bei Anwendung des Systems 6 und 7 und der Spannungen von 3000—10000 Volt und darüber eintritt, nämlich wenn es nötig ist, sehr grofse Kraftmengen aus den Fahrleitungen zu entnehmen.

Ganz besonders gilt das für der Personenbeförderung dienende Bahnen mit hoher Fahrgeschwindigkeit, für welche das Bedürfnis immer gröfser zu werden beginnt. Es war deshalb durchaus in der Sache begründet, wenn gleichzeitig mit dem Lautwerden des Verlangens nach Abkürzung der Reisezeit und nach gröfserer Bequemlichkeit die elektrotechnische Industrie sich der Nutzbarmachung so hoher Spannungen für den Bahnbetrieb zuwandte, und wenn zunächst Versuche in erster Linie für hohe Spannungen bis 10000 Volt angestrebt wurden, um mit solchen die sog. Schnellbahnen zu betreiben. Die Leitung von dazugehörigen Vorarbeiten und Versuchen mit 10000 Volt Spannung, die Ausarbeitung von Konstruktionen und die Ausbeutung der Versuche waren Aufgaben des Verfassers.

Die Vorarbeiten und ersten Versuche bis 60 km Geschwindigkeit fanden 1898—1900 statt (E.T.Z. 1900, Heft 23 vom Verfasser beschrieben) und dienten als Grundlage zu den Konstruktionen und Versuchen im Jahre 1901 (200 km Geschwindigkeit). (E.T.Z. 1901, Heft 34, 37, 38,

41 vom Verfasser beschrieben.) Ihren vorläufigen Abschlufs fanden die Versuche im Jahre 1902. (E.T.Z 1902, Heft 32 vom Verfasser beschrieben.)

Es mögen nun an dieser Stelle die Gründe und Überlegungen sowie teilweise Versuche besprochen werden, die dazu führten, die anderweit, wie eben angegeben, genauer beschriebenen Konstruktionen zu wählen, und endlich mögen neue Vorschläge zur weiteren Ausarbeitung dieser gemacht werden.

Da die Frage der Stromerzeugung im Kraftwerk bereits als gelöst angesehen werden konnte, so waren als Hauptaufgaben anzusehen:

I. Ausarbeitung der Fahrleitungen hinsichtlich:
   a) Lage zum Gleise und zueinander sowie Aufhängung,
   b) Isolierung,
   c) Kontaktgebung vom Fahrzeug aus und der Stromabnehmer,
   d) Sicherheitsvorkehrungen.

II. Ausarbeitung der Betriebsmittel hinsichtlich:
   a), b) der motorischen Ausrüstung, mit und ohne Transformator.
   c) deren Schaltung und Regelung,
   d) der Anordnung aller Ausrüstungsteile zur Sicherung gegen Lebensgefahr.

   Auf Grund der Ergebnisse von I und II folgen sodann

III. Neue Vorschläge zur weiteren Ausnutzung der Ergebnisse.

I. Fahrleitungen.

Die Fahrleitungen sowohl als die von deren Ausbildung untrennbaren Stromabnehmer müssen auch für höhere Fahrgeschwindigkeiten über 100 km — für die erste Versuchsbahn waren nur 60 km gestattet — also für Vollbahnbetrieb benutzt werden können, und es mufs aus Gründen der Betriebssicherheit von einer Benutzung der Kontaktstange mit schmaler Rolle Abstand genommen werden, da schon bei geringeren Geschwindigkeiten ein Abspringen des Kontaktes von der Leitung wie bekannt unvermeidlich ist. Daher wird der Siemenssche Stromabnehmer mit breitem Bügel gewählt, der eine sichere Führung an der Fahrleitung gewährleistet.

Was nun anbelangt die:

a) Anordnung und Lage der Fahrleitungen

zum Gleise, zueinander und ihre Aufhängung, so ist es zunächst von vornherein zu übersehen, dafs es bei einer Wahl der gewöhnlichen Aufhängungen, bei der die 2—3 Leitungen in einer wagerechten Ebene liegen und der Kontakt von unten erfolgt, sehr große Schwierigkeiten bereitet, für die Weichen die erforderlichen Isolierstücke auszubilden. Aus der schematischen Darstellung einer Weiche für Doppelgleis Fig. 1, Tafel IV, geht hervor, daſs schon für eine zweiphasige Oberleitung eine gröſsere Zahl von schwierigen Verbindungs- und Aufhängungsstücken erforderlich ist, wenn man die Leitungen richtig, d. h. so aufhängen will, daſs jede Leitung die zur Straffheit nötige mechanische Zugspannung behält. Auch ist darauf zu achten, daſs die Phasen nicht vertauscht werden, da sonst die Fahrrichtung des Fahrzeuges sich ändern würde.

Bei dieser gewöhnlichen Anordnung würden bei niedrigerer Spannung sich die Schwierigkeiten der Isolierung wohl überwinden lassen; fraglich aber ist das bei 10000 Volt, und es würde wohl vorteilhafter sein, an den Weichen die Leitungen so weit hochzuziehen, daſs die Bügel, ohne hängen zu bleiben oder Kurzschluſs zu verursachen, darunter hindurchgehen können, indem dabei unter Umständen eine gänzliche Stromunterbrechung eintritt und das Fahrzeug stromlos mit Schwung weiterrollt. Noch gröſser würden die Schwierigkeiten werden für drei Fahrleitungen.

Dagegen wird die Weichenanlage wesentlich einfacher werden, wenn die drei Leitungen seitlich vom Gleise übereinander in schräger oder senkrechter Ebene liegen, je nachdem die Kontaktgebung von oben oder von der Seite erfolgt. Sie werden dann an den Weichen einfach unterbrochen und ihre Enden für möglichst sanften Auflauf der Stromabnehmer eingerichtet. Das Fahrzeug überfährt die kurzen stromlosen Stellen infolge der Trägheit der Masse.

Ein weiterer Grund zur Anordnung der Leitungen übereinander ist der, daſs die Querdrähte entfallen und kurze Ausleger verwendet werden können, wodurch die Beanspruchung der Tragmaste auf Biegung verringert und diese leichter werden. Das ist sehr wichtig, da die Leitungen nicht zu leicht sein dürfen, einmal der Spannungsverluste wegen und zweitens um gegenüber den durch das Anliegen der Stromabnehmer oder den Wind etwa entstehenden Schwankungen mehr Masse entgegenzusetzen.

Nach einer Reihe von Versuchen, die sich besonders auf das Verhalten der Stromabnehmer (siehe 1c) bezogen und die Verwerfung des Kontaktes von oben mit sich brachten, ging Verfasser dazu über, die Lage der drei Leitungen übereinander in einer senkrechten Ebene den anderen Anordnungen vorzuziehen und dieses System in Gemeinschaft mit dem Oberingenieur Frischmuth weiter auszuarbeiten.

Um für Abnutzung der Bügel genügend Spielraum zu haben, wurde ein Abstand der Leitungen von mindestens 75 cm voneinander (später 100 cm für die Schnellbahn) festgesetzt.

Nachdem es sich ebenfalls bei den ersten Fahrversuchen gezeigt hatte, dafs die starre Aufhängung (Fig. 1 Tafel V) infolge der starken Schläge an den Aufhängungsklemmen zum Schadhaftwerden von Isolatoren führte, wurde vom Verfasser analog der von ihm früher angegebenen elastischen Fahrdrahtaufhängung an Auslegern für Strafsenbahnen die elastische Aufhängung Fig. 2 Tafel V angegeben.

Als besonderer Grund für die gewählte Anordnung ist die grofse Beständigkeit des Anliegens des Stromabnehmers an die Leitung anzusehen, wie unter c) genau angegeben.

b) Die Isolierung.

Für Spannungen von 10000 Volt ist mindestens eine doppelte Isolation der Phasen gegeneinander und gegen Erde erforderlich. Für die ersten Versuche im Jahre 1899 wurden Doppelglocken-Isolatoren aus Porzellan verwendet, und das tragende Zugorgan wurde mit Hartgummi-Zugisolatoren gegen Erde isoliert. Nach den Versuchen mit Spannungen bis 30000 Volt stellte sich die Notwendigkeit heraus, die Oberflächen-Isolationswege auf 80 mm für je 1000 Volt mit etwa dreifacher Sicherheit festzusetzen. Es empfiehlt sich, den Nullpunkt des Systems an die Fahrschienen und Erde zu legen, da alsdann die Spannung gegen Erde nur $\frac{10000}{\sqrt{3}}$ rd. 5800 Volt beträgt, also auch die Isolierung schwächer ausfallen kann. Über den Einflufs der Witterung kann nur längere Betriebsdauer Aufschlufs geben.

c) Kontaktgebung vom Fahrzeug aus und die Stromabnehmer.

Die Kontaktgebung an der Seitenleitung kann von unten, von oben oder von der Seite erfolgen, wobei die Stromabnehmer sich entweder um eine zur Geleislängsachse parallelen oder um eine lotrechte Achse drehen. Der Kontakt von oben (Fig. 1 Tafel V) zeigte bei den angestellten Fahrversuchen dieselben Nachteile wie der von unten, mit dem einzigen Unterschied, dafs das Eigengewicht unterstützend zur Herstellung des Kontaktes wirkt, während es beim Kontakt von unten durch stärkere Federn ausgeglichen werden mufs. Der Hauptnachteil beider besteht darin, dafs die Kontaktbahn infolge Aufhängung und Durchhang der Leitungen eine wellenförmige ist und sehr starke Abweichungen von der idealen Kontaktbahn der geraden Linie aufweist. Es erfolgt bei gröfseren Fahrgeschwindigkeiten an den Knickpunkten ein unvermeidlicher Stofs und, verbunden mit Abspringen und starken mechanischen Schlägen auf die Leitungen, ein starkes Feuern der Stromabnehmer.

Da dies zu starkem Verschleiſs der Leitungen führen würde, so wurde vom Verfasser[1]) der Kontakt von der Seite gewählt, dessen Bahn nicht mehr wellenförmig ist, sondern bei welchem sich alle Punkte des Bügels annähernd geradlinig bewegen. Dieser Seitenkontakt wurde in der (E. T. Z. 1900 Heft 23) genauer beschriebenen Weise ausgeführt. Die wenigen Gleiskrümmungen, die bei Fernbahnen auftreten, müssen mit Rücksicht auf die Fliehkräfte groſse Halbmesser haben oder langsamer befahren werden und können mehr Aufhängepunkte haben, so daſs die Abweichungen von den Geraden kleiner werden. Für die Fahrgeschwindigkeiten bis zu 60 km der Lichterfelder Versuchsbahn genügte es, jeden der drei Stromabnehmer in einfacher Weise um eine Hauptachse schwingen zu lassen (vergl. Fig. 2 Tafel V), die möglichst nahe der Leitung gebracht wird mit etwa 1250 mm Abstand.

Dagegen erkannte Verfasser für gröſsere Geschwindigkeiten der Schnellbahn eine weitere Verbesserung als notwendig, nämlich zwischen Hauptachse und Berührungspunkt noch eine zweite Achse Fig. 3 Tafel V einzuschalten, um sowohl die Trägheitsmomente des eigentlichen Schleifstückes zu verringern als die Winkelabweichungen zu vergröſsern, so daſs Unebenheiten der Leitung völlig ausgeglichen und Funken durch Abspringen des Bügels vermieden werden. Welchen Einfluſs die Anordnung dieser Achse hat und wie günstig der Kontakt von der Seite gegenüber dem von unten sich stellt, darüber gibt die Berechnung Anhang XI Aufschluſs.

Aus rein praktischen Gründen erscheint es zweckmäſsig, die drei Stromabnehmer mechanisch so zu verbinden, daſs sie gleichzeitig an die Leitung angelegt und von derselben abgedreht werden können. Dies geschieht entweder wie bei der Versuchsbahn in Lichterfelde durch Kuppelung der drei Stromabnehmer an eine gemeinsame Welle mittels Schnecke und Zahnrads (Fig. 4 Tafel V), oder noch einfacher nach dem Vorschlag des Verfassers durch Anbringung der drei Stromabnehmer an einem lotrechten Stahlrohr (Fig. 2 Tafel V). Für die Isolierung der Stromabnehmer gilt dasselbe, was für die der Fahrleitung maſsgebend war.

d) Sicherheitsvorkehrungen.

Da mit der hohen Spannung bei Berührung herabgefallener Drähte Lebensgefahr verknüpft ist und bei den Zerreiſsversuchen die unterhalb der Leitungen angeordneten Schutznetze keine sichere Wirkung hervorbrachten, sondern die Leitungen auch gelegentlich daneben fielen, so muſste eine Vorrichtung[1]) geschaffen werden, die beim Reiſsen einer Leitung dieser ein mit Erde gleiches Potential erteilt, womöglich

---

[1]) In Gemeinschaft mit Herrn Oberingenieur Frischmuth.

einen Kurzschlufs verursacht und dadurch die Sicherungen im Kraftwerk zum Schmelzen bringt, so dafs die Leitungen stromlos werden.

Das geschieht dadurch, dafs an der Aufhängungsklemme, also isoliert, ein starker Drahtbügel befestigt wird, welcher durch den nach dem Reifsen eintretenden einseitigen Zug gegen einen zweiten mit den Fahrschienen und Erde verbundenen starken Draht gedrückt wird. Will man dabei einen Kurzschlufs erzeugen, so ist es nötig, den Nullpunkt des Systems mit den Fahrschienen zu verbinden, was sich auch noch in anderer Hinsicht empfiehlt.

Tritt nämlich ein Isolationsfehler an einer der Leitungen ein, so wird die Spannung vom fehlerhaften Isolator auf die Tragmaste übertragen. Es kann dann der Fall eintreten, wie die vom Verfasser angeordneten Messungen ergeben haben, dafs ein Tragmast aus Eisen oder Holz im Bereiche der Berührung mindestens 1000 Volt Spannung gegen das Erdreich hat, also die Berührung mit demselben lebensgefährlich ist.

Es empfiehlt sich daher, die Maste durch starke metallische Verbindungen (breite Eisenbänder) mit den Fahrschienen und diese mit dem Nullpunkte des Systems zu verbinden, so dafs beim Schadhaftwerden der Isolation Kurzschlufs eintritt.

Die Verbindung aller Maste mit den Fahrschienen ist aufserdem ein wichtiger Blitzschutz. Hinsichtlich des letzteren ist übrigens die Lage der Leitungen übereinander noch insofern von Vorteil, als an der obersten Spitze des Tragmastes, die sowieso als Blitzableiter wirkt, noch eine Klemme angeschraubt werden kann, in welcher ein kräftiger, mit Erde verbundener Stacheldraht in genügender Höhe über der obersten Fahrleitung befestigt ist. Die langen Leitungen und die hohe Spannung verlangen unter Umständen einen solchen besonderen Schutz gegen Blitzgefahr; bei den Versuchen war dessen Notwendigkeit noch nicht nachweisbar, sondern es genügen die gewöhnlichen Hörnerblitzableiter.

Die nach den vorstehend genannten Gesichtspunkten für die Versuchsbahn in Grofs-Lichterfelde gebaute Fahrleitung wurde durch eine Reihe von Versuchen im Jahre 1899 und 1900 erprobt und als zuverlässig befunden, so dafs sie die Grundlage zu derjenigen für die Schnellbahn[1]) wurde. Mit letzterer wurden im November 1900 Fahrgeschwindigkeiten bis 160 km in der Stunde erreicht und Spannungen bis 15000 Volt an das Fahrzeug abgegeben, wobei sowohl die Kontaktgebung eine genügende war, als auch die Isolation als durchaus zuverlässig sich herausstellte.

[1]) Die in der E. T. Z. 1901, Heft 34, 37, 38 und 41 vom Verfasser genau beschrieben ist.

Hinsichtlich der Kontaktgebung mufs jedoch bemerkt werden, dafs das Fahrzeug bei Geschwindigkeiten über 150 km störende Bewegungen, hervorgerufen durch ein Schlingern der Drehgestelle, zeigte, wodurch stellenweise auch der Kontakt etwas unruhig wurde. Es wird daher darauf Bedacht zu nehmen sein, die störenden Bewegungen zu mindern, wofür am Schlusse des Abschnittes Vorschläge gemacht werden.

II. Ausarbeitung der Betriebsmittel.

Die eben besprochene Fahrleitungsanlage für 10000 Volt Spannung, deren Vorteile, bestehend in der leichten Konstruktion der Stromabnehmer und Leitungen, unverkennbare sind, würde nicht verwendet werden können, wenn es nicht gleichzeitig gelingt, die Spannung auf dem Fahrzeug nutzbar zu machen. Der Ausbildung dieses ist daher dieselbe Wichtigkeit beizulegen wie der der Leitungsanlage, im Gegenteil, letztere ist eigentlich eine Folge der ersteren. Der Bau der Fahrzeuge hat immer den der Motoren zur Grundlage, und es wird daher auch zunächst die Frage zu beantworten sein, ob die Motoren mit Sicherheit die Spannung unmittelbar aufnehmen können, oder unter welchen Bedingungen andere Mittel angewendet werden müssen. Die Vorbetrachtung ergab nun folgendes:

Die Höhe der aufzunehmenden Spannung steht in bestimmtem Zusammenhange mit den Abmessungen der Motoren, welche sich in einfacher Weise aus dem zur Verfügung stehenden Raum entwickeln lassen und dem Durchmesser der angewandten Laufräder von 800 mm, 880 mm, 1000 mm, 1250 mm entsprechen. Wird der Raum zwischen den Bandagen voll ausgenutzt, so ergeben sich nach Ermittelungen des Verfassers, dafs entsprechend den Körperinhalten der umlaufenden Teile die in nachfolgender Zusammenstellung angegebenen Leistungen etc. mit einiger Sicherheit sich erreichen lassen werden.

Rad-durch-messer	Läufer-inhalt cdcm	Spannung		Normale Leistung in PS bei der Höchst-spannung	Gewicht	Strom pro Motor bei der Höchstspannung
		von	bis			
800	44	500	2000	64	1250	20 Amp
880	53	500	2000	80	1500	25 »
1000	78	500	3000	110	2500	22,5 »
1250	120	750	3500	160	4000	28 »

Voraussetzung ist, dafs die Spannung im feststehenden Teil aufgenommen wird, und dafs 50 Perioden angewendet werden. Für niedrigere Periodenzahlen erniedrigt sich die Leistung.

Sache der Versuche war es nun, festzustellen, soweit dies im Bereiche der gegebenen Mittel möglich war, ob die praktische Ausführung gegenüber den durch die Rechnung erhaltenen Werten kein Hindernis namentlich hinsichtlich der Isolationen entgegenstellt. Die ersten Versuche in Lichterfelde (im Jahre 1899 und 1900) mufsten sich auf die Erprobung des Motors DM 44 beschränken, welcher für Spannungen von 650—750 Volt und für höchstens 2000 Volt bei 50 Perioden gewickelt werden konnte. Nachdem die Prüffeld- und Fahrversuche keine störenden Erscheinungen mit sich gebracht hatten, war festgestellt, dafs eine Streckenspannung von 2000 Volt und analog dieser für gröfsere Motoren eine solche von 3500 Volt sich wohl mit einiger Sicherheit anwenden lassen würde.

Wenn nun vier Motoren DM 44 für das Fahrzeug verwendet werden, würde eine Stromstärke von insgesamt 80 Amp zu übertragen sein und für vier Motoren DM 53 100 Amp. Ebenso bei 3000 Volt eine solche von 90 Amp und bei 3500 Volt eine von 112 Amp.

Einerseits sind nun diese Stromstärken noch verhältnismäfsig hohe und eine Herabsetzung derselben durch weitere Erhöhung der Spannung würde für die Leitungsanlage von Vorteil sein.

Anderseits ist im Bereiche der angegebenen höchsten Spannung (bei 50 Perioden) die Leistung der Motoren kleiner als bei den niedrigeren Spannungen, zumal da die Erwärmung bei den letzteren ohne Gefährdung der Isolation wesentlich höher sein darf als bei den ersteren. Eine weitere Steigerung der Spannung würde daher event. die Leistung noch weiter verkleinern, so dafs für manche Fälle die Ausnutzung der Motoren im Verhältnis zu ihrem Gewicht bezw. Raumbedarf nicht mehr ausreichend sein würde. (Schleppen grofser Lasten auf langen Steigungen.)

Diese Überlegungen veranlafsten den Verfasser dazu, eine Steigerung der Spannung anzustreben, dabei aber von vornherein zwei Wege des Vorgehens bei den Versuchen einzuschlagen und zwar den allem Anschein nach sichreren zuerst, nämlich die Spannung auf dem Fahrzeug selbst durch Transformatoren so weit zu erniedrigen, wie es zur möglichst günstigen Ausnutzung der Motoren und zur Herstellung nicht zu schwerer Schaltapparate zweckdienlich erscheint.

Die zweite Möglichkeit, den Motoren die Spannung unmittelbar zuzuführen, bot mehr Schwierigkeiten, da dabei einer zu weitgehenden Verringerung der Leistung vorzubeugen, bezw. trotz Steigerung der Spannung die Leistung der Motoren zu verbessern war. Die zweite Möglichkeit konnte daher erst später zur Ausführung gelangen, da sie umfangreichere Untersuchungen und auch Versuche nötig machte.

a) Zuführung der Streckenspannung zu den Motoren mittelbar durch Transformatoren.

Sobald einmal der Plan gefaſst war, Transformatoren auf dem Fahrzeug zu verwenden, konnte ohne weiteres zu einer Spannung von 10000 Volt in der Fahrleitung übergegangen werden. Das erste, was durch Versuche festgestellt werden muſste, war das Verhalten der Stromabnehmer und der Schleifbügel bei der hohen Spannung und das Verhalten des elektrisch ziemlich hoch belasteten Transformators, wenn er eingekapselt und den heftigen Erschütterungen beim Fahren ausgesetzt wurde.

Nachdem die Versuche 1899 und 1900 gezeigt hatten, daſs die Schleifbügel, wie nicht anders zu erwarten war, bei hoher Spannung weit besser arbeiteten als bei niedriger und an dem Transformator keine störenden Erscheinungen auftraten, nahm Verfasser die Unterbringung in den ausladenden Vorräumen einer Lokomotive Modell 1899/1900 in der Weise vor, wie aus Fig. I Tafel VI ersichtlich, nämlich die drei Schenkel des Transformators in einer Ebene liegend und die Bleche hochkant gestellt. Die Transformatoren waren in diesem Falle hintereinander zu schalten, damit die Primärwickelungen nicht aus zu dünnem Draht bestehen.

Das System, Transformatoren auf dem Fahrzeug mitzuführen, wurde vom Verfasser mit Rücksicht darauf, daſs noch keine Erfahrungen im Bau von Motoren für die hohe Spannung von 10000 Volt vorlagen, auch für die Schnellbahn vorgeschlagen und dort mit Vorteil angewandt. Denn nur dadurch ist es geglückt, eine Spannung von 10000—15000 Volt in den Fahrleitungen anzuwenden und die Stromstärken für die erforderlichen Kraftmengen so niedrig (65 Amp) zu halten, daſs sie sich mit kleinen Massen der Schleifbügel von der Fahrleitung sowohl in mechanischer als elektrischer Hinsicht gut abnehmen lieſsen.

Obwohl das System den ebengenannten Vorteil und denjenigen der vollsten Ausnutzung des Motorenmaterials besitzt, so hat es doch anderseits den Nachteil, daſs für die Unterbringung des Transformators Raum geschaffen werden muſs, und daſs zu dem Gewicht der Motoren noch das der Transformatoren hinzukommt, welches nach den Versuchen bei der Schnellbahn nicht kleiner als etwa 60 % desjenigen der Motoren sein darf, wenn eine vollständige Transformation, also z. B. 10000 : 750, vorgenommen wird. Das Mitführen der Transformatoren in Motorwagen hat tatsächlich einen Einfluſs auf den Energieverbrauch, einerseits infolge Mitschleppens des Mehrgewichts, anderseits infolge der Umsetzung der elektrischen Energie, jedoch tritt eine Erhöhung des Energieverbrauches gegenüber demjenigen eines Fahrzeuges ohne Transformator nicht im Verhältnis der Gewichte der Fahrzeuge ein, da die Überwindung des Luftwiderstandes einen Hauptteil der zu leistenden Arbeit ausmacht. Sie könnte wohl schliefslich mit Rücksicht auf die Vorteile in der Leitungsanlage mit in Kauf genommen werden, wenn nicht die Notwendigkeit vorhanden wäre, gerade bei grofsen Fahrgeschwindigkeiten den Oberbau aufs äufserste zu schonen, also Gewichtsverminderung der Wagen durch Fortlassung der Transformatoren und unmittelbare Aufnahme der Spannung in den Motoren anzustreben.

Werden dagegen mit kleineren Geschwindigkeiten und Lokomotivbetrieb grofse Lasten geschleppt, so ist das Gewicht des Transformators zur Erhöhung des Adhäsionsgewichtes der Lokomotive ein nützliches. Hier wird auch die Zeit des Betriebes eine mehrere Stunden lang dauernde sein, die sich nicht unterbrechen läfst, und es erscheint dringend geboten, die Verluste in den Motoren so niedrig wie möglich zu halten und die abzukühlenden Wickelungen so wenig wie möglich in für die Wärme wenig durchlässiges Isolationsmaterial einzuhüllen. Die Mitnahme von Transformatoren eignet sich daher besonders für Lokomotivbetrieb und geringere Fahrgeschwindigkeiten.

Das Gewicht der Transformatoren würde sich bei Anwendung der sog. Sparschaltung (das umgekehrte Prinzip eines Zusatztransformators) noch etwa auf die Hälfte vermindern lassen, aber es würde dann zweckmäfsig sein, dafs die Motorspannung die Hälfte bis mindestens ein Drittel der Leitungsspannung beträgt, so dafs die Motoren immer noch mit ziemlich hoher Spannung und noch nicht günstig genug arbeiten würden, ein wesentlicher Gewinn also nicht zu erzielen wäre.

Durch das System, Transformatoren mitzuführen, wurden vom Verfasser bei den Fahrversuchen im November des Jahres 1901 die Erfolge erzielt, dafs wiederholt mit Geschwindigkeiten bis zu 160 km/Std. gefahren werden konnte und Spannungen von 13800—15000 Volt auf dem Wagen nutzbar gemacht wurden.

b) Zuführung einer Streckenspannung von 10000 Volt unmittelbar in die Motoren. (Motorwagenbetrieb.)

Bereits während der letzten Zeit der Konstruktionsarbeiten und der Herstellung des Schnellbahnwagens verfolgte der Verfasser auch den anderen Weg und versuchte unter Benutzung der für die Motoren des Schnellbahnwagens gewonnenen Grundlagen den Motoren ähnlicher Gröfse die Spannung von 10000 Volt unmittelbar zuzuführen. Er wurde in seinem Vorhaben noch dadurch bestärkt, dafs gelegentlich der Fahrversuche im November 1901 auch festgestellt worden war, dafs eine Entlastung des Oberbaues durch Gewichtsverminderung des Motorwagens von gröfstem Vorteil sein würde.

Für den ersten Augenblick der Überlegung scheint eine solche unbedingt vorzuliegen; die nähere Betrachtung und Berechnung ergibt, dafs sie tatsächlich vorhanden, eine ziffernmäfsige Bestimmung derselben jedoch sehr schwierig ist.

Denn es handelt sich nicht allein darum, die erste und wichtigste Frage zu beantworten: Wiegt ein Motor für eine bestimmte Leistung und 10000 Volt Spannung ebenso viel wie ein für dieselbe bezw. etwa höhere Leistung und 500—1000 Volt Spannung gebauter Motor einschliefslich zugehörigem Transformator 10000/500, sondern es ist auch notwendig, zu berücksichtigen, welche Gewichtsvermehrung am ganzen Wagen infolge Aufhängung der Transformatoren an den Wagenkastenträgern eintritt und welche Verstärkungen die Drehgestellrahmen infolgedessen erfahren müssen, welche Erhöhung der elektrischen Leitung dadurch eintritt u. a. m. Auch in der Unterbringung anderer Teile der elektrischen Ausrüstung treten Veränderungen dadurch ein, dafs für die Transformatoren Raum geschaffen werden mufs, und auch damit sind gegebenenfalls Gewichtsvermehrungen verknüpft.

Was die erwähnte erste Frage betrifft, so soll zunächst angenommen werden, dafs der Hochspannungsmotor im wirksamen Material — Kupfer und Eisen — schwerer sein soll als der Niederspannungsmotor. Denn bei letzterem liegt die Primärwickelung als Stabwickelung in halbgeschlossenen Nuten, bei ersterem als vieldrähtige Schablonenwickelung mit gröfserem Isolationsraum in offenen Nuten. (Von einer Handwickelung mufs abgesehen werden.) Ersterer arbeitet daher mit prozentual günstigerem Luftübergangsquerschnitt, also weniger Amperewindungen, d. i. kleinerem Magnetisierungs- und gröfserem Kurzschlufsstrom. Für gröfsere Typen von Motoren wird dieser Unterschied geringer.

Zur Feststellung der Gewichte sind nun für Motoren, welche unmittelbar auf der Radachse gelagert sind, einander gegenüber zu stellen:

	Hochspannungsmotor.		Niederspannungsmotor und $^1/_2$-Transformator.
hinsichtlich Gewichte	Wirksames Eisen, Kupfer	$>$	wirksames Eisen, Kupfer vom Motor
		$<$	Summe wirksames Eisen, Kupfer von beiden
	Lager	$=$	Lager
	Lagerschilde	$>$	Lagerschilde
		$<$	Lagerschilde und Stirnplatten-Transf.
	Gehäuseteile	$>$	Gehäuseteile
		$<$	Summe beider Gehäuseteile Motor und Transf.
	Schleifringe und Bürsten .	$=$	Schleifringe und Bürsten

hinsichtlich elektrischen Verhaltens

Hochspannungsmotor.		Niederspannungsmotor und ½-Transformator.
Verluste	=	Verluste
Verluste pro qdm Aufsen-Oberfläche	>	Verluste pro qdm Aufsen-Oberfläche (Motor allein)
Wärmekapazität	>	Wärmekapazität (Motor allein)
Innenoberfläche	>	Innenoberfläche (Motor allein)
Wirkungsgrad und cos φ . .	>	Summe Gesamt-Wirkungsgrad und cos φ beider zusammen
Lüftung im Innern infolge gröfseren Durchmessers	>	Lüftung beim kleineren Durchmesser (Motor allein).

Eine ziffernmäfsige Angabe kann nur für den Einzelfall nach Durchbildung ganzer Fahrzeuge gemacht werden; im allgemeinen wird der Hochspannungsmotor leichter werden als ein Niederspannungsmotor einschliefslich Transformator, abgesehen von der durch die Unterbringung bedingten Gewichtsverminderung. Von genauerer Berechnung soll hier Abstand genommen werden.

Was nun genauere Einzelheiten des Baues von Motoren für 10000 Volt Spannung anlangt, so sind dieselben in der Elektrotechnischen Zeitschrift 1902, Heft 32, vom Verfasser veröffentlicht. Die Erörterung an dieser Stelle kann sich daher lediglich auf die Grundzüge der Benutzung und des Baues solcher Motoren beschränken.

Durch die Gewichtsersparnis wird zwar die von den Motoren geforderte Leistung geringer, jedoch wird auch dadurch, dafs die Wickelung für die Hochspannung von 10000 Volt eingerichtet werden mufs, bei gleichen Motorgewichten die höchste vom Motor erreichbare Leistung herabgesetzt, so dafs die prozentuale Belastung eine etwas gröfsere ist. Anderseits aber tritt hierdurch ein günstiges Arbeiten bei gutem Wirkungsgrad und gutem Kosinus während der vollen Fahrt ein, sodafs der Wattverbrauch ein Minimum erreicht. Es mufste nun versucht werden, die gröfsere prozentuale Belastung zu ermöglichen, ohne dafs der Motor zu heifs wird. Hierzu sind zwei Mittel anwendbar.

Einmal läfst sich die Betriebsdauer einschränken, da Hochspannungsmotoren meistens nur für Schnellbahnmotorwagen werden verwendet werden, welche die Verbindungsstrecke zwischen zwei gröfseren Städten in kürzerer Zeit von 1½—2 Stunden zurücklegen. Die Wagen brauchen nicht ohne Unterbrechung über den ganzen Betriebstag von 18 Stunden Dauer und mehr in Betrieb gehalten zu werden vielmehr werden zwischen je zwei Fahrten besimmte Ruhepausen eintreten müssen, wie das ja auch schon jetzt im Eisenbahnbetriebe mit Dampflokomotiven üblich ist. Die Motoren könnten also weit ausgiebiger als diejenigen für andere Bahnen hinsichtlich ihrer Wärmekapazität ausgenutzt werden, oder besser gesagt, müssen so ausgenutzt werden, da es nach den Berechnungen überhaupt nicht möglich erscheint, die gesamte, durch die elektrischen Verluste entstehende Wärme bei dauernder Beanspruchung in der bisherigen gewöhnlichen Weise durch die Oberfläche der Motoren abzuführen. Während der längeren Betriebspausen kann eine Abkühlung der Motoren stattfinden.

Zweitens könnten die Motoren stärker beansprucht werden, wenn ein Teil der im Motor erzeugten Wärme durch energische Lüftung des Motorinnern fortgeschafft wird, auf welche beim Bau ganz besonderer Wert zu legen ist (Vergl. die Veröffentlichung.) Nach vom Verfasser zu diesem Zweck angeordneten Versuchen bringt eine solche mäfsige künstliche Lüftung durch Einführung kühler Luft aus einem in sich geschlossenen Kühlrohrsystem sehr gute Wirkung hervor. Beispielsweise erniedrigt eine Luftmenge von 150 Liter-Sek. bei einer Luftgeschwindigkeit von $12^1/_2$ m und einem Druck von 45 mm Wassersäule die Übertemperatur der Schenkel eines ca. 50-pferdigen Gleichstrom-Bahnmotors von 72,5° auf 42,5° und die Temperatur des Ankers von 75° auf 30° bei 12stündigem Betriebe. Die Wirkung der eingeblasenen Luft wird durch die Ausrüstung des Motors mit Luftkanälen und Luftschlitzen wesentlich verstärkt. Die Zuführung gekühlter Luft darf jedoch nicht übertrieben werden. Denn durch Zuführung von zu grofsen Luftmengen würde, da die Abführungsquerschnitte eine bestimmte nicht überschreitbare Gröfse haben, im Innern des Motors, welches unbedingt staub- und wasserdicht abgeschlossen werden mufs, ein gewisser Überdruck entstehen, der das Schmieröl aus den Lagern herausdrückt. Während diesbezüglicher Versuche wurde die Erscheinung künstlich zweimal hervorgebracht, und die Folge davon war jedesmal ein Warmlaufen des Lagers nach kurzer Zeit. Zur Vermeiduug des Überdruckes ist event. erforderlich, auf der einen Seite des Motors Luft hineinzupressen, auf der anderen herauszusaugen.

Der übrigbleibende Teil der Wärme mufs bei Stillstand des Wagens durch geeignete stationäre Lüftungs- und Gebläseeinrichtungen mit niedrigem Druck fortgeschafft werden. Eine solche Lüftung hat auch noch den Vorteil, dafs sie den Motor nach jeder Fahrt von etwa eingedrungenem Staube reinigt.

Die durch Verwendung der Hochspannungsmotoren erzielte Ersparnis an Gewicht etc. für den einzelnen Schnellbahnwagen ist unschwer festzustellen, wenn man von den vom Verfasser aufgestellten Berechnungen für die Schnellbahnwagen ausgeht (Elektrotechnische Zeitschrift 1901, Heft 34). Durch Wegfall der Transformatoren u. s. w. würde das Gewicht des gesamten Wagens von 96 t auf 76 t einschliefslich Fahrgäste sich vermindern lassen. Die für denselben erforderliche Leistung während der vollen Fahrt würde von 1000 PS auf rund 920 PS sinken, so dafs also von jedem Motor des Schnellbahnwagens 230 PS abzugeben sein würden. Weit geringer wird im Verhältnis zu früher die Leistung beim Anfahren. Wenn man gleiche Anfahrwege für den vorhandenen Wagen von 96 t und den neu zu bauenden von 76 t voraussetzt, so verhalten sich die von den Motoren während der Anfahrt zum Zwecke der Massenbeschleunigung auszuübenden Drehmomente wie die Gewichte. Aus der Tabelle Reihe 2, Seite 844, Heft 41 der Elektrotechnischen Zeitschrift vom 10. Oktober 1901 geht hervor, dafs für 96 t Gewicht bei 7700 m Anfahrweg ein Drehmoment von 310 bis 500 mkg, im Mittel 390 mkg auszuüben ist. Das ist einer Beanspruchung der Motoren von im Mittel 400 PS und höchstens 600 PS bei vollem Lauf gleichwertig. Vermindert man das im Verhältnis von 76 : 96, so stellt sich die Beanspruchung der neuen Motoren für unmittelbar 10000 Volt beim Anfahren als eine Leistung von im Mittel 360 PS und höchstens 480 PS gleichwertig heraus. Nach verschiedenen Vorberechnungen wurde der erste Versuchsmotor in der endgültigen Berechnung für eine Höchstleistung von etwa 400 PS bei 885 Umdrehungen bestimmt und die Wickelung dementsprechend eingerichtet. Letztere Leistung kann durch Erhöhung der Spannung auf 11200 Volt auf 500 PS erhöht werden. In Wirklichkeit hat der Motor bei den Proben ein Verhalten gezeigt, wonach seine höchste Leistung 450 PS bei 10000 Volt beträgt.

Unter Anwendung der obengenannten Mittel läfst es sich erreichen, dafs mit den 10000 Voltmotoren, wie sie in der Beschreibung des Verfassers, E.T.Z., Heft 32, 1902 angegeben sind, eine Hinfahrt von etwa 300 km Weglänge nach dem einen Endpunkte einer Bahn ohne Aufenthalt und nach einer halbstündigen Pause eine ebensolange Rückfahrt, beidemale bei 160 km Fahrgeschwindigkeit, geleistet werden kann, was wohl für die Bedürfnisse von Schnellbahnen zunächst ausreichen dürfte. Nach einer längeren Pause können die Fahrten fortgesetzt werden, sodafs ein Wagen mindesten 1200 km täglich leisten könnte.

Die Hauptsache nun bei der Konstruktion des Motors und dem Einbau der Motorwickelung war, zu ermitteln, welche Art Isolation anzuwenden wäre. Hierüber ist nun eine gröfsere Anzahl von Versuchen angestellt worden. Zunächst wurde der sogenannte Überstand der die Wickelung gegen Körper isolierenden Glimmerrohre nach und nach so vergröfsert, bis die 3,5 fache Spannung gegen Körper, nämlich 3,5 $\times$ 5800 = rund 20000 Volt Wechselstrom ohne Zeichen von Fehlern, Überschlagen etc. aufgenommen werden konnte. Dabei ergab sich, dafs ein Überstand von etwa 65—70 mm notwendig war, und dafs die Stärke der Rohre mit 3 mm gegen das Durchschlagen der Spannung ausreichte. Sodann mufsten wiederholte Prüfungen mit richtig ausgeführten Wickelungsschablonen in einem Stück aus Blech hergestellten Gehäuse vorgenommen werden, bei denen es sich als zweckmäfsig erwies, das Gehäuse innen mit Glimmer zu belegen und aufserdem den kleinsten Luftzwischenraum zwischen Wickelung und Gehäuse mit 25 mm festzulegen, um das Überspringen von Funken nach dem Gehäuse unbedingt zu verhindern.

Nach Feststellung dieser Abmessungen durch die Versuche und derjenigen für die Wickelungsräume aus der Probeausführnug konnte die endgültige Berechnung stattfinden. Da mit den höchsten Werten der Sättigungen im Zahneisen und den mittleren im Ankereisen über etwa 10000 bezw. 8000 hinauszugehen nicht ratsam erschien, so mufste wegen des beschränkten Raumes einer der drei Schleifringe des Läufers wegfallen, um die nötigen Eisenbreiten zu gewinnen, und die dritte Phase sekundär mufste unmittelbar am Körper angeschlossen werden, was eine Isolierung der Anlasserwalzen von Erde verlangt.

Alle übrigen Teile des Motors entwickeln sich aus den gemachten Angaben in der in der Veröffentlichung beschriebenen Weise (vergl. den daselbst angegebenen Längsschnitt).

Das Verhalten des Motors bei den Prüffeld-Bremsungen rechtfertigte die angestellten Berechnungen etc., indem der Motor bei einem Luftzwischenraum nahe 2 mm mit einem maximalen Wirkungsgrad und Kosinus nahe 0,9 arbeitet. Die angestellten Versuchsfahrten verliefen ohne Tadel bei einer Spannung von 11000 Volt, und es ist somit der Nachweis erbracht, dafs Motoren für 10000 Volt Spannung sowohl hinsichtlich Wickelung, als besonders Isolierung dieser ausführbar sind.

Für die Zukunft schlägt Verfasser vor, hiervon in der Weise Gebrauch zu machen, dafs man Gruppenmotoren bildet, d. h. die Primärwickelungen von je zwei Motoren hintereinanderschaltet und erst im zweiten Motor verkettet. Der Gewinn besteht dabei darin, dafs die Wickelungsdrähte in mechanischer Hinsicht kräftiger werden, und der Wirkungsgrad sich gegenüber demjenigen von zwei Motoren mit parallelgeschalteter Primärwicklung verbessert, bezw. der Luftspalt vergröfsert werden kann.

c) Regelung und Schaltung der Motoren.

Die Regelung der Umdrehungen des Motors erfolgt beim Anfahren durch Einschalten von Widerständen in den sekundären Teilen des Motors. Wollte man diese Regelung allgemein auch für Fahrten von längerer Dauer an solchen Stellen, wo mit verminderter Geschwindigkeit gefahren werden mufs, verwenden, so entstehen dadurch bedeutende Energieverluste im Fahrzeug und starke Belastung des Kraftwerkes und der Leitungen.

Eine Verminderung der Geschwindigkeit in beliebigen Grenzen ohne Energieverluste würde sich nach dem Vorschlage Kübler-Schimpff durch Speisung bestimmter Strecken mit niedrigerer Periodenzahl ermöglichen lassen. Das bedingt aber besondere Zuleitungen, besondere Maschinen im Kraftwerk, besondere Vorsicht beim Übergang auf höhere Periodenzahl etc., eignet sich also nicht für Vollbahnbetriebe (höchstens für Vorortbahnen) zumal, da man ja auch nie wissen kann, wo ein Langsamfahrsignal bei Gleisreparaturen aufzustellen nötig sein wird. Für längere Fahrten mit verminderter Geschwindigkeit empfiehlt es sich deshalb, Kaskadenschaltung anzuwenden, um mindestens auf die Hälfte der höchsten Geschwindigkeit heruntergehen zu können. Nach Abschnitt BI hat diese Schaltung in der gewöhnlichen Ausführung den Nachteil, daſs die gröſste Zugkraft auf die Hälfte herabsinkt und die Leitung auf den vierten Teil. Um das genauer festzustellen, sind vom Verfasser Versuche für einen Motor von 1250 kg Gewicht angestellt worden, die einen Verlauf der Schaulinien nach Anhang III Fig. 9 und 10 ergeben und im Anhang III beschrieben sind.

Auſserdem entsteht der Nachteil verwickelter Anordnung der Leitungen im Wagen und bei Motoren für 10000 Volt die Schwierigkeit, besondere Widerstände für diese Spannung einzubauen. Diese Nachteile lassen sich ausgleichen, wenn nach der von Ganz & Co. vorgeschlagenen Anordnung, besondere Motoren für die Kaskadenschaltung eingebaut werden. Hierzu ist aber vielfach kein Raum mehr vorhanden, wie z. B. bei der Versuchslokomotive Lichterfelde (Modell 1899/1900) und bei dem Schnellbahnwagen (Modell 1901).

Für neuere Fahrzeuge muſs jedenfalls eine Geschwindigkeitsverminderung auf diesem Wege angestrebt und der für die Kaskadenmotoren erforderliche Raum geschaffen werden.

Gleichzeitig mit der Regelung der Geschwindigkeit durch die Widerstände ist auch die Regelung des Drehmomentes bis zum höchsten Wert 10 % unterhalb des Abfalles verbunden. Es erscheint wünschenswert, für das Anfahren und abnorme Betriebsfälle den höchsten Wert des Drehmomentes zu steigern. Dies kann entweder durch Zusatztransformator geschehen (vergl. Schaltschema der Versuchsausführung Lichterfelde Tafel VII) oder durch Zuschaltung einzelner Windungen von Transformatoren, wozu auch Stern- und Dreieckschaltung der Transformatoren zu rechnen ist (vergl. Schaltschema der Schnellbahnen) oder endlich durch die Stern- und Dreieckschaltung der Motoren.

In beiden letzteren Fällen steigt die Spannung für die Primärwickelung auf das $\sqrt{3}$fache, so daſs auſserodentlich hohe Eisensättigungen (bis 20000 in den Zähnen) und gröſsere Leerlaufströme entstehen, sowie der Kosinus und Wirkungsgrad verschlechtert wird. Trotzdem wurde die Dreieck-Sternschaltung der Transformatoren für den Motorwagen Modell 1901 in Aussicht genommen und vorgesehen, da erstens hinsichtlich des Kraftbedarfs gar keine Erfahrungen und

und nur einige grundlegende Versuche des Verfassers vorlagen, welche auf abnorm hohe Zugkräfte der Wagen schliefsen lassen, und da aufserdem die Spannung im Kraftwerk sich in diesem Falle so regeln läfst, dafs mit Sternschaltung günstig gearbeitet werden kann.

Die Zuhilfenahme von Zusatztransformatoren und das Zuschalten von Wickelungsabteilungen ist beim Vorhandensein von Transformatoren das Zweckmäfsigste und als ein gutes Mittel zu empfehlen. Auf die übrigen Mittel wird in den meisten Fällen verzichtet werden müssen, da die Stromerzeuger dadurch zu ungünstig beeinflufst werden.

Zu empfehlen sind folgende zwei Einrichtungen. Eine Steigerung des Drehmomentes allein für das regelmäfsige Anfahren wird in der Weise vorgenommen, dafs durch an der Anfahrstrecke aufgestellte Zusatztransformatoren die Spannung auf der Anfahrstrecke erhöht wird, auf den übrigen Strecken aber für volle Fahrt niedrigere Spannung herrscht. Dadurch gelingt es, für das Anfahren mit der höheren Spannung auch mit der Eisensättigung der Motoren von vornherein etwas höher zu gehen, also weniger Kupfer in den Motoren zu verwenden. Die Eisensättigung der Motoren bei vollem Lauf auf niedrigerer Spannung nimmt wieder ein normales Mafs an. Die Motoren arbeiten dann sowohl für das Anfahren, als für volle Fahrt in dem Gebiete des höchsten Kosinus und Wirkungsgrades.

Ist zweitens mit Rücksicht auf häufige Wiederholung einer Steigerung des Drehmomentes die Einrichtung von Stern- und Dreieckschaltung der Motorwickelung unerläfslich, so mufs die Wickelung so bestimmt werden, dafs die übliche Eisensättigung zwischen hoher und niedriger Spannung liegt, z. B. würde ein Motor mit Sternschaltung für 1000 Volt Leitungsspannung am besten so zu bestimmen sein, dafs die übliche Eisensättigung bei 1200 Volt Spannung liegen würde. Er würde dann bei Dreieckschaltung etwa die 1,4fache Stättigung der üblichen haben, so dafs die erforderlichen Amperewindungen immer noch einen geringen Teil gegenüber denen für die Luft ausmachen. Für volle Fahrt mit Sternschaltung und kleiner Belastung arbeitet er in der Nähe des maximalen Kosinus. Die Stern-Dreieckschaltung verlangt aber unter allen Umständen verwickelte Anordnung der Wagenleitungen (vergl. Schaltschema Tafel I Fig. 3), so dafs die erstgenannte Einrichtung wegen ihrer gröfseren Einfachheit für viele Fälle vorzuziehen sein wird.

d) Anordnung aller Ausrüstungsteile zur Sicherung gegen Lebensgefahr.

(Vergl. die Beschreibungen des Verfassers 1900 und 1901.)

Die Versuche haben gezeigt, dafs eine vollkommene Sicherheit der Fahrgäste sowohl wie der Bedienungsmannschaft dadurch erreicht wird, dafs alle stromführenden Teile, Leitungen etc. aus dem Bereich der Berührung gebracht und mit geerdeten Schutzhüllen umgeben werden. In der Versuchslokomotive, Modell 1899/1900, für Lichterfelde Fig. 1 Tafel VI sind die Schaltapparate, Transformatoren, Sicherungen für Hochspannung und Niederspannung in den abgeschlossenen Vorräumen untergebracht; ebenso in der Schnellbahnlokomotive Modell 1902. Beide Lokomotiven sind ganz aus Eisen hergestellt.

Der teilweise in Holz ausgeführte Schnellbahnwagen Modell 1901 hat einen unten mit Eisenblech armierten Fufsboden und ebenso ein mit Eisenblech abgedecktes Dach. Die Befestigungsschrauben für Apparate etc. sind an Eisenteilen angebracht, die mit dem Untergestell infolge ihrer Konstruktion verbunden sein müssen; aufserdem sind die Körper aller solcher Teile mit dem Untergestell durch Kupferverbindungen von mindestens demselben Querschnitt verbunden, den die in Betracht kommende stromführende Leitung besitzt. Sämtliche Schaltapparate etc. liegen beim Schnellbahnwagen unter dem Fufsboden oder auf dem Wagendach und werden mit Luftdruck betätigt. Die Nullpunkte der Transformatoren und Motoren sind zu erden. Starkstromsicherungen, Blitzableiter, Kurzschliefser sind vorgesehen.

III. Neue Vorschläge des Verfassers zu weiteren Vervollkommnungen für Bahnanlagen mit 160 km Fahrgeschwindigkeit.

Nachdem bei den Fahrversuchen eine Höchstgeschwindigkeit von 160 km erreicht worden ist, ohne dafs wesentliche Störungen auftraten, erscheint es unzweifelhaft, dafs im regelmäfsigen Betriebe nach Einrichtung verschiedener Verbesserungen eine solche von 160 km/Std. statthaft sein wird. Zur Innehaltung dieser werden vom Verfasser folgende Vorschläge gemacht:

1. Verbesserung des Kontaktes der Stromabnehmer an der Leitung.

Es war schon erwähnt worden, dafs bei den Fahrversuchen mit hoher Fahrgeschwindigkeit über 150 km der Kontakt an der Fahrleitung infolge unruhiger Bewegungen des Wagens beginnt, an Sicherheit nachzulassen. Es wird also notwendig sein, einerseits eine Verbesserung des Anschmiegens und der Federung des Stromabnehmers auszuführen. Vor allem dürfte hierzu eine Vergröfserung der Winkelbeschleunigung desselben nützlich sein, die sich mit Verminderung der Gelenkreibung durch Anwendung von Kugellagern und mit einer Verkleinerung der Masse der schwingenden Teile erreichen läfst. Im übrigen können Fahrleitung und Stromabnehmer dieselben bleiben.

Anderseits sind die störenden Bewegungen des Fahrzeuges zu mildern. Als Mittel dazu sind für das Fahrzeug folgende zu empfehlen:

Verwendung vierachsiger Drehgestelle,

Vergrösserung des äufsersten Radstandes der Drehgestelle auf 6 m,

starke Belastung der äufseren führenden Achsen.

Infolge der seitlichen Abweichungen der Fahrschienen von der geraden Linie entstehen Seitenstöfse auf die Führungsachsen, welche nicht in voller Stärke auf den Drehgestellrahmen übertragen werden dürfen, sondern dadurch zu vermindern sind, dafs zwischen Achsgabel und Achsbuchse genügend Spielraum gelassen wird, und dafs aufserdem die eigentlichen Lagerschalen im Innern der Achsbuchse sich auf dachförmig abgeschrägten Flächen gegen den Achsbuchskörper verschieben können, so dafs ein Teil des Seitenstofses nach oben geht; vergl. Anhang XII Fig. 1.

Nützlich ist ferner die Anwendung von Schlingerbremsen für die Drehgestelle, wodurch diese verhindert werden, ständig hin und her zu schwingen, und der Wagen das Bestreben erhält, als zweiachsiges Fahrzeug mit sehr grofsem Radstand zu laufen. D. R. P. 135 394 nach dem Vorschlage des Verfassers. Anhang XII Fig. 2.

Endlich ist eine Verbesserung der Federung des Fahrzeuges anzustreben.

2. Verbesserung der gesamten elektrischen Einrichtung.

Damit zunächst die durch Selbstinduktion verursachten Spannungsverluste in der Leitungsanlage abnehmen, wird die Periodenzahl auf 29 in der Sekunde festgesetzt, woraus sich eine minutliche Umdrehungszahl der Motoren von 540 ergibt, wenn sechspolige Motoren zur Anwendung kommen. Infolgedessen beträgt der Laufraddurchmesser der Motorachsen für 160 km Geschwindigkeit bei 29 Perioden 1500 mm, so dafs grofse kräftige Motoren eingebaut werden können, in welchen sich die hohe Spannung gut aufnehmen läfst.

Die Drehgestelle sollen vierachsig sein und werden mit zwei Mittelachsen von 1500 mm Raddurchmesser für die Hauptmotoren und zwei kleinere Führungsachsen von 1000 mm Raddurchmesser ausgerüstet.

Von den vier grofsen Motoren wiegt jeder etwa 5,2 Tonnen und ist für 5000 Volt Klemmenspannung gewickelt. Mit Rücksicht auf die Hochspannungswickelung sind die Motoren abgefedert; je zwei derselben sind hintereinander geschaltet, sodafs sie gegen 10 000 Volt isoliert sein müssen. Beim Anfahren arbeiten die zwei Motoren mit zusammen 10 000 Volt Spannung, die durch Transformation am Speisepunkt erzeugt wird, während der vollen Fahrt mit 8000 Volt. Die

Kühlung der Motoren wird durch vier Ventilatoren und zwei Kühlrohrsysteme besorgt, die in jedem Drehgestell angebracht sind. Je zwei Ventilatoren sind auf den Führungsachsen montiert und kühlen je einen Motor.

Aus der vom Verfasser angestellten Berechnung ergeben sich die Schaulinien des Motors nach Anhang XII Fig. 3, 4, 5; ebenda Fig. 6 ist auch die Zeichnung des Wagens ersichtlich.

Zur Erzielung geringer Geschwindigkeit wird Kaskadenschaltung der grofsen Motoren mit vier kleineren Motoren von je 1500 kg Gewicht angewendet, die über den Führungsachsen angebracht sind und sechs Pole haben. Die Geschwindigkeit beträgt dann etwa 60 km in der Stunde, klein genug für langsame Fahrt. An den kleineren Motoren sind die Lüftungsgehäuse angebracht. Anhang XII Fig. 7.

Alle übrigen Einrichtungen und Apparate sind die gleichen bezw. ähnlichen wie beim Schnellbahnwagen Modell 1901 mit Ausnahme der Mittelspannungsschalter, welche wegfallen können.

Infolge Anwendung der grofsen kräftigen Motoren können hinsichtlich der Leistung des Wagens und Beanspruchung der elektrischen Ausrüstung dieselben Bedingungen erfüllt werden wie bei einem für ähnliche Zwecke zusammengestellten Zug, bestehend aus einer Dampflokomtive und mehreren Anhängewagen. Über einen solchen Zug sind genaue Angaben von Herrn Regierungs- und Baurat Wittfeld in seinem Vortrage vom 14. Januar 1902 gemacht worden, (vergl. Glasers Annalen 1. März 1902, Seite 90 und 91), welche auch hier benutzt werden können.

Nach den Angaben würde der Motorwagen einen Erfrischungsraum, einen Gepäckraum und einen Dienst- (und Post-) Rraum zu enthalten haben, wie in der Zeichnung vorgesehen ist, kann aber aufserdem noch zwei Rauchcoupés zu je sechs Plätzen enthalten. Die Berechnung ist im Anhang XII gegeben, und es ergibt sich aus derselben, dafs der Motorwagen insgesamt 96 Tonnen wiegt (einschliefslich Passagiergepäck und Besetzung) und vier sechsachsige Anhängewagen zu je 42 Plätzen und 41 Tonnen Gewicht, einschliefslich Besetzung zu schleppen vermag, insgesamt also ein Zuggewicht von 260 Tonnen bewegt. Der Zug fafst einschliefslich der Personen in den Rauchcoupés der Motorwagen insgesamt 180 Plätze. Das Gewicht für die beförderte Person stellt sich mithin auf 1350 kg gegenüber 1870 kg bei Dampfbetrieb, da der Dampfzug bei 168 Plätzen ein Gesamtgewicht von $5 \times 41 + 48 + 78$ zusammen 331 Tonnen hat (vergl. ergänzende Angaben von A. Kirchhoff, 2. August 1902 in der Zeitung des Vereins Deutscher Eisenbahnverwaltungen) über das Gewicht von Tender und Lokomotive. Hiernach sind für die beförderte Person bei elektrischem Betrieb nur etwa 5,5 PS gegenüber 8 PS bei Dampfbetrieb zu leisten.

Mit einer nach den Angaben 1 und 2 ausgerüsteten liefse sich mit einiger Sicherheit ein Betrieb auf einer Schnellbahn Berlin—Hamburg — ein Gleis, alle zwei Stunden ein Zug in beiden Richtungen, Haltepunkt und Weiche in Wittenberge — durchführen.

Schlufswort.

Durch die angestellten Rechnungen und Versuche ist der Nachweis erbracht, dafs ein System elektrischer Bahnen, die dem unmittelbaren Schnellverkehr zwischen gröfseren Städten dienen sollen, sehr wohl ausführbar ist, soweit technische Forderungen allein in Frage kommen. Es hat aber auch bereits einen solchen Grad von Tüchtigkeit erlangt, dafs hinsichtlich der Wirtschaftlichkeit, welche allein für Anlage von Kapital mafsgebend ist, nicht mehr viel zu wünschen übrig bleibt. Denn wenn man die zuletzt gefundenen Werte mit denjenigen in Vergleich stellt, die für Betrieb mittels Dampf in Betracht kommen würden, so stellen sich die in Glasers Annalen 1902 gemachten Kostenangaben, die für alle solche Betrachtungen als durchaus zutreffend angesehen werden können, nunmehr in ganz anderer Weise dar und zwar:

für je 100 Platzkilometer

Die Kosten der Energie einschliefslich Anfahren etwa gleich (für Fahrtleistung 15,5 Dampf gegen 19,7 elektr. Betrieb),
» » der Unterhaltung zu 7,5 Pfg. Dampf gegen 5,85 » elektr. Betrieb,
» » der persönlichen Ausgaben M. 3,75 Dampf gegen » 2,80 elektr. Betrieb,
» » Beschaffung sowie Zinsen u. Tilgung M. 23,50 Dampf gegen » 21,— elektr. Betrieb,
» » der Unterhaltung des Oberbaues höher bei Dampfbetrieb als bei elektrischem Betrieb.

Es erscheint daher nach diesen Ergebnissen durchaus nicht von der Hand zu weisen, dafs die Erzeugung elektrischer Energie in einem grofsen Kraftwerk mit sehr ökonomisch arbeitenden Maschinen und die Fortleitung der elektrischen Energie bis an die Fahrzeuge zum Zwecke der Fortbewegung derselben ebenfalls so lohnend sein kann wie der Betrieb mit Dampflokomotiven und daher Aufwendungen von Kapital rechtfertigt.

Die Aufgaben, welche in Bezug auf das behandelte System noch bestehen, sind auf der Grundlage der vorstehend gewonnenen Ergebnisse zu lösen, und es steht zu hoffen, dafs die Erfolge bei der Anwendung des Systems die Wahl und Ausbildung desselben rechtfertigen werden.

Anhang I.

Bezeichnungen.

E = elektromotorische Kraft in Volt (Spannung)
J = Stromstärke in Ampere
e = Klemmenspannung in Volt
E' = Spannungsverlust in Volt
L = elektrische Leistung in Volt-Ampere (Watt)
A = mechanische Leistung in PS
W = Widerstand in Ohm
Z = Zahl der wirksamen Windungen
$\frac{1}{Z}$ = Übersetzungsverhältnis von Zahnrädern, z. B. $\frac{1}{5,1}$ bezw. $\frac{1}{5,8}$
$\sim$ = Perioden $= \frac{n}{60} \cdot \frac{p}{2}$
N = FH = Anzahl der Kraftlinien
H = Feldstärke
F = Polfläche in qcm
M = Drehmoment in mkg
r = Halbmesser des Laufrades in m
l = Länge einer Strecke
G = Gewicht in t; g = Beschleunigung durch die Erdschwere
y oder η = Wirkungsgrad
Q = Belastung in t
P = Zugkraft in kg
q = Zugwiderstand auf einer Steigung in kg/t oder = Leitungsquerschnitt in qmm
p = Zugwiderstand auf der Wagerechten in kg/t = Polzahl von Motoren
n = Umdrehungen in der Minute
v = Geschwindigkeit in m·Sek.
V = Geschwindigkeit in km·St. $= v \cdot 3,6$
s = Weg in m
t = Zeit in Sek.
c = spezifischer Widerstand
C = Konstante.

Anhang II.

Berechnung eines Gleichstrommotors von 1025 kg Gewicht.

(Abmessungen und Aufstellung der Schaulinien siehe Fig. 1 u. 2.)

A. Abmessungen und Wickelungsangaben.

1. Anker.

Der Anker hat eine Länge von 240 mm und ist aus einzelnen Blechscheiben zusammengesetzt, welche durch Papier voneinander isoliert sind. Durch die Papierisolation gehen 10 % von der Ankerlänge verloren, so daſs das wirksame Eisen eine Länge von 216 mm hat. Der Durchmesser der groſsen Scheiben ist 342 mm, der der kleinen = 337 mm. Über den kleinen Scheiben liegen die Bandagen. Der für den Kraftlinienweg in Betracht kommende mittlere Durchmesser der Scheiben ist daher gleich 339,5 mm. Die Bohrung für die Ankerwelle ist 65 mm. Werden anstatt Bandagen Keile verwendet, so ist der Scheibendurchmesser 342 mm in die Rechnung einzustellen. Der Anker besitzt Schablonenwickelung in 33 Nuten, der Kommutator 99 Segmente. In jeder Nut liegen 2 Schablonen zu je 9 Drähten, 3 neben- und 3 übereinander; Drahtdurchmesser besponnen = 3,7 mm, blank = 3,15 mm, Querschnitt = 7,79 qmm. Die Nutbreite ist daher bei 4,6 mm Isolationsraum $= 3 \times 3{,}7 + 4{,}6 = 15{,}7$ mm; die kleine Scheibe hat die Nuttiefe von 28,5 mm bei 6,3 mm Isolationsraum $(2 \times 3 \times 3{,}7 + 6{,}3 = 28{,}5$ mm), für die groſse Scheibe = 31 mm. Die Zahnstärke beträgt bei der sich ergebenden Teilung von 32,54 mm der groſsen Scheibe am Umfange 16,84 mm, am Grunde der Nut 10,94 mm.

Die Gesamtwindungszahl beträgt $\frac{33 \times 18}{2} = 297$, die mittlere Länge einer Windung 1000 mm, daher die gesamte Drahtlänge auf dem Anker 297 mm.

Widerstand warm = 0,2 Ohm, Kupfergewicht = 20,5 kg.

Gleichstrommotor von 1025 kg Gewicht.

Abmessungen des Motors.

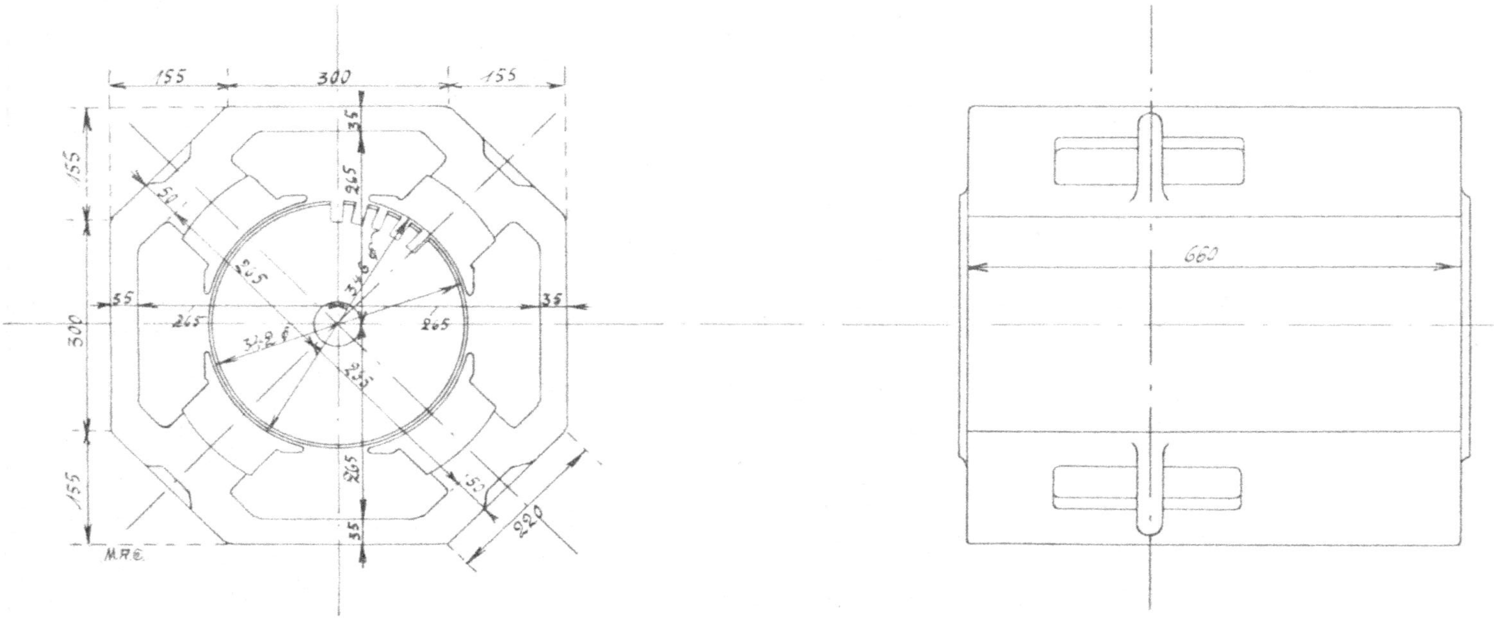

Maßstab 1 : 10.

Fig. 1.

2. Magnetisches Feld.

Es sind vier bewickelte Pole vorhanden, deren anschraubbare Polschuhe aus Blechen zusammengesetzt sind. Bohrung der Pole = 346 mm. Bei einem Abstand der Polschuhspitzen von 80 mm ist die Polbogenlänge

$$= \frac{346}{4} \cdot \pi - 80 = 192 \text{ mm}.$$

Es wird aber nur eine Polbogenlänge von 182 mm bezw. die Hälfte davon, 91 mm, in Rechnung gezogen. Die Wickelung besteht aus vier Kästen mit je 157 bis 160 Windungen Kupferdraht; Wickelraum pro Kasten 52 qcm. Drahtdurchmesser blank 5,06 mm, besponnen 5,66 mm. Querschnitt = 20,1 qmm. Mittlere Länge einer Windung = $\backsim$ 1 m, Gesamtdrahtlänge auf den Schenkeln daher $4 \cdot 160 \cdot 1 = 640$ m.

Der Widerstand der Wickelung ist warm = 0,6 Ohm, das Kupfergewicht 115 kg. Der ganze Widerstand des Motors ist mithin warm $= 0{,}2 + 0{,}6 = 0{,}8$ Ohm.

B. Berechnung des Motors bei einer Spannung von $e = 650$ Volt.

a) Leistungsangaben.

	Fahrt auf der Wagerechten		Fahrt auf der Steigung	Anfahren	
An der Welle abgegebene Pferdestärken	14	26,1	52,7	67,8	$A = \frac{M \cdot n}{716{,}2}$
Wirkungsgrad	0,75	0,823	0,84	0,83	η
Stromstärke	21	35,8	70	93,5	$J = \frac{A}{\eta} \cdot \frac{736}{e}$
Spannungsverlust im Anker und Schenkel	17	29	56	75	$E' = J \cdot W = 0{,}8 \cdot J$
Elekromotorische Gegenkraft	633	621	594	575	$E = e - E'$
Umdrehungen	975	788	630	568	n
Kraftlinienzahl für jede Polhälfte	$1{,}64 \cdot 10^6$	$1{,}99 \cdot 10^6$	$2{,}38 \cdot 10^6$	$2{,}56 \cdot 10^6$	$N = \frac{E \cdot 10^8 \cdot 60}{4 \cdot n \cdot 2 \cdot Z}$
Drehmoment	10,28	23,8	60	85,5	$M = \frac{716{,}2 \cdot A}{n}$ mkg

b) Magnetisierende Kräfte.

1. Zahneisen.

	Fahrt auf der Wagerechten		Fahrt auf der Steigung	Anfahren	
Zahl der Zähne im magn. Kreise	2,77	2,77	2,77	2,77	—
Mittl. Gesamtquerschnitt in den Zähnen in qcm	81,5	81,5	81,5	81,5	$= 2,77 \cdot 21,6 \cdot \frac{1,09 + 1,69}{2} \cdot 0,98$
Sättigung	20 160	24 500	29 177	31 400	$\frac{N}{81,5}$
Magnetisierende Kraft pro cm in Amp-Windungen	230	705	1607	2050	—
Länge des Kraftlinienweges in cm	5,95	5,95	5,95	5,95	$l = 2,85 + 3,1$
Ges. magnetis. Kraft für die Zähne in Amp-Windungen	1360	4194	9561	12 197	$= l \cdot A \cdot W$

2. Ankereisen.

Querschnitt in qcm . .	232	232	232	232	$= \frac{21,6}{2 \cdot 10} \cdot \left[\frac{(342 + 337)}{2} - (65 + 59,5)\right]$
Länge in cm	17	17	17	17	e
Sättigung	7 100	8 576	10 258	11 000	$= \frac{N}{232}$
Magnetis. Kraft pro cm in Amp-Windungen .	5	6,5	8	8,5	—
Ges. magnetis. Kraft für den Anker	85	110	136	144	$= l \cdot A \cdot W$

3. Schenkel.

Streuung in %	18	20	22	23	—
Querschnitt in qcm . .	150	150	150	150	$= 6,5 \cdot 2,4 \cdot 0,96$
Länge	19	19	19	19	l
Sättigung	12 900	15 900	19 357	21 000	$= \frac{N \cdot (100 + \%)}{150 \cdot 100}$
Magnetis. Kraft pro cm in Amp-Windungen .	15	39	170	290	—
Ges. magnetis. Kraft für die Schenkel	285	741	3230	5510	$= l \cdot A \cdot W$

4. Joch.

	Fahrt auf der Wagerechten		Fahrt auf der Steigung	Anfahren	
Querschnitt in qcm . .	175	175	175	175	—
Länge in cm	44	44	44	44	—
Sättigung	11 000	13 500	16 590	18 000	$= \frac{N \cdot (100 + \%)}{175 \cdot 100}$
Magnetis. Kraft pro cm in Amp-Windungen .	9	16	48	90	—
Ges. magnetis. Kraft für das Joch	396	704	2112	3960	$= l \cdot A \cdot W$

5. Luft.

Querschnitt in qcm . .	192	192	192	192	$= \frac{24}{2} \cdot \left[\frac{9{,}1 + 2{,}77 \cdot 1{,}69}{2} + 9{,}1\right]$
Länge in cm	0,63	0,63	0,63	0,63	—
Sättigung im Luftraum .	8 550	10 300	12 390	13 330	$H = \frac{N}{192}$
Ges. magnetis. Kraft im Luftraum	4 270	5 150	6 214	6 600	$\frac{10}{4 \cdot \pi} \cdot H \cdot l = A \cdot W$

6. Summe der magnetisierenden Kräfte.

Zahneisen	1 360	4 194	9 561	12 197	—
Ankereisen	85	110	136	144	—
Schenkel	285	741	3230	5510	—
Joch	396	704	2112	3960	—
Luftraum	4270	5150	6214	6600	—
Summe der Ampere-Windungen	6 396	10 899	21 253	28 411	—
Rückwirkung des Ankers	211 3,3 %	370 3,4 %	786 3,7 %	1 080 3,8 %	—
Nötige Amp-Windungszahl pro Kreis . . .	6 607	11 269	22 039	29 490	—
Windungszahl	315	315	315	315	$= \frac{A \cdot W}{J}$
Vorhanden	315	315	315	315	—

c) Verluste.

	Fahrt auf der Wagerechten		Fahrt auf der Steigung	Anfahren	
Zugeführte Leistung . .	13 650	23 270	45 500	60 775	—
Polwechsel pro Sekunde	65	52	40	37	$= \frac{n}{60} \cdot 4$
Ankereiseninhalt in ccm	12 600	12 600	12 600	12 600	—
Zahneiseninhalt in ccm .	3050	3050	3050	3050	—
Verlust im Ankereisen .	350	360	360	340	—
Verlust im Zahneisen .	610	610	590	560	—
Verlust in der Ankerwickelung	88	256	980	1748	$J^2 \cdot w_a$
Verlust in der Schenkelwickelung	264	768	2940	5246	$J^2 \cdot w_s$
Elektrische Verluste ∾	1312	1994	4870	7894	Der Reibungsverlust bleibt annähernd konstant, da bei geringerer Lagerreibung gröfserer Verlust durch Bürstenübergangswiderstand ($i^2 w$) und gröfsere Bürstenreibung auftritt.
Verluste durch Lagerreibung und Bürsten-Übergangswiderstand . . .	2100	2100	2100	2100	
Gesamtverlust	3412	4094	6970	9994	
$\eta =$	0,75	0,823	0,84	0,826	

d) Gewicht.

Wirksames Schenkeleisen	320 kg
Das übrige Gehäuse nebst Zubehör . . .	325 »
Schenkelkupfer	115 »
Ankereisen	125 »
Welle und Zubehör	50 »
Ankerkupfer	20 »
Kommutator	50 »
Bürstenhalter und anderer Zubehör . . .	20 »
Gesamtgewicht des Motors	1025 kg.

Für den Anker ohne Bandagen ist die Länge des Luftraumes 0,4 cm. Daher sind für die Leistung von 26,1 PS, abgesehen von der Vergröfserung des Übergangsquerschnittes, nur etwa 3290 Amp-Windungen für Luft notwendig, also 1860 weniger, die Gesamt-Amperewindungen nehmen ab auf 9400. Die Magnetspulen erhalten unter Voraussetzung desselben Stromes von 35,8 Amp nur noch 262 Windungen, können also mit stärkerem Draht bewickelt werden von 6,25 mm Durchm. besponnen und 5,65 blank. Querschnitt also 25 qmm, Widerstand warm rd. 0,4 Ohm. Gesamtwiderstand des Motors also 0,6 und Spannungsverlust 22 Volt, also Gegenkraft 628 Volt, oder Steigerung

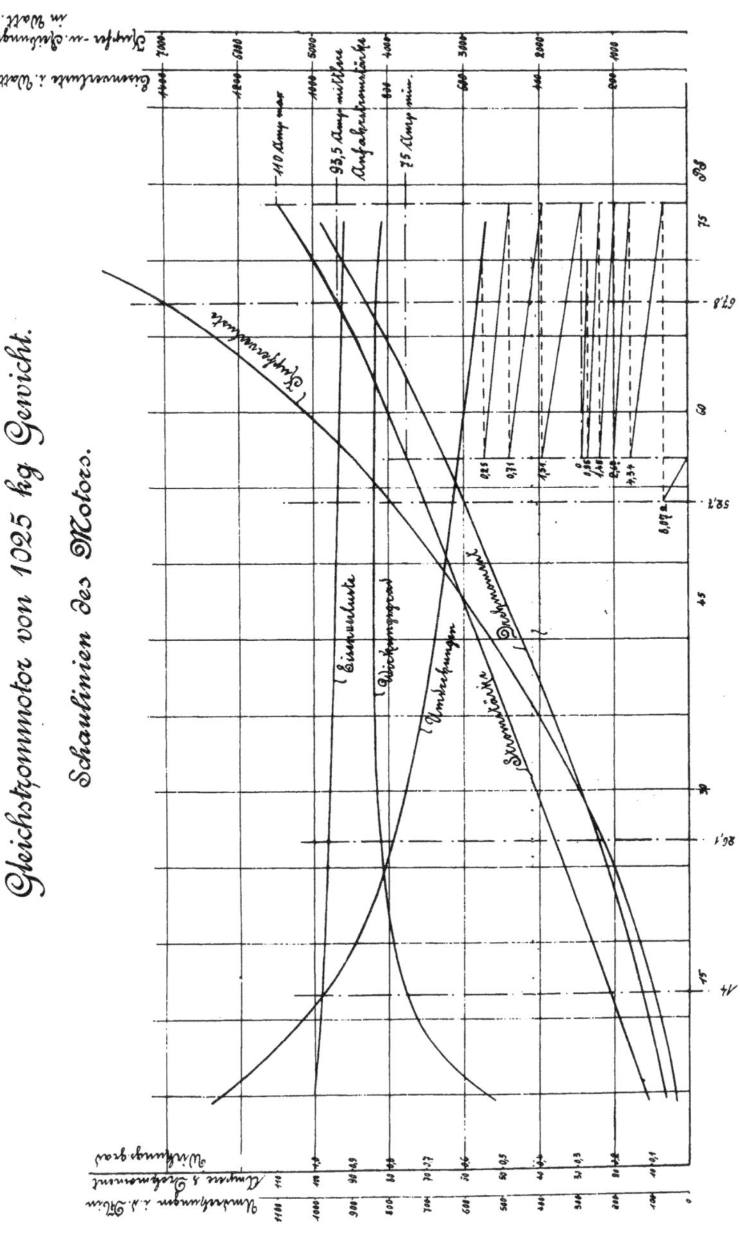
Gleichstrommotor von 1025 kg Gewicht.
Schaulinien des Motors.
Kupferverluste
Eisenverluste
Wirkungsgrad
Umdrehungen
Stromstärke
Drehmoment
110 Amp max
93,5 Amp mittlere Anfahrstromstärke
75 Amp min.

Fig. 2.

der Umdrehungen von 788 auf 798, was unbedeutend ist. Es stellen sich nun die Verluste wie folgt:

Eisenverluste einschl. Wirbelströme	564
Kupferverluste Anker	256
» Schenkel	510
Reibung	2100
Summe	3430

$$\text{Wirkungsgrad} = \frac{19\,840}{23\,270} = \eta = 0{,}853.$$

Der Ersatz der Bandagen durch Keile bringt mithin einen Gewinn von 3% im Wirkungsgrad mit sich.

Oberfläche des Motors.

Die Stirnseitenoberfläche beträgt

$$0_1 = 6{,}1^2 - 2 \cdot 1{,}55^2 - 32{,}2 \text{ qdm.}$$

Hierzu 15% Zuschlag für die Vorsprünge = 37 qdm.

Die Manteloberfläche beträgt

$$0_2 = 6{,}6 \cdot (4 \cdot 3{,}0 + 4 \cdot 2{,}20) = 137 \text{ qdm.}$$

Die Gesamtoberfläche des Motors beträgt demnach

$$0 = 20_1 + 0_2 = 211{,}0 \text{ qdm.}$$

Nimmt man noch ca. 6 qdm Zuschlag an für die Tatzenlager, so erhält man als kühlende Gesamtoberfläche des Motors

$$0 = \text{rd. } 217 \text{ qdcm.}$$

Drehstromm

Abme

Maßstab 1:10.

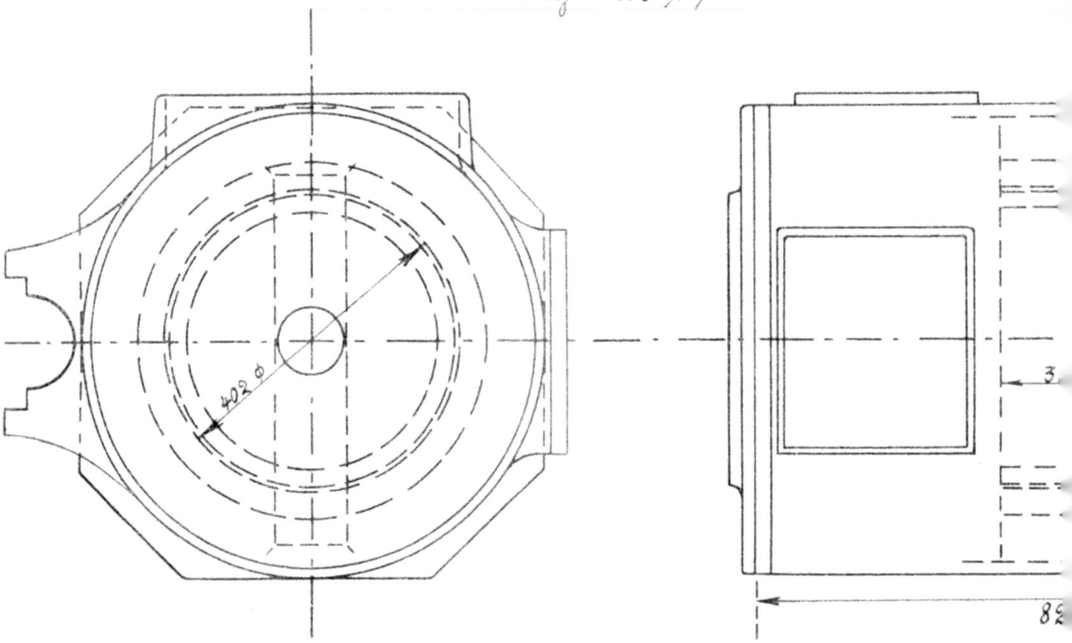

g Gewicht.

tors.

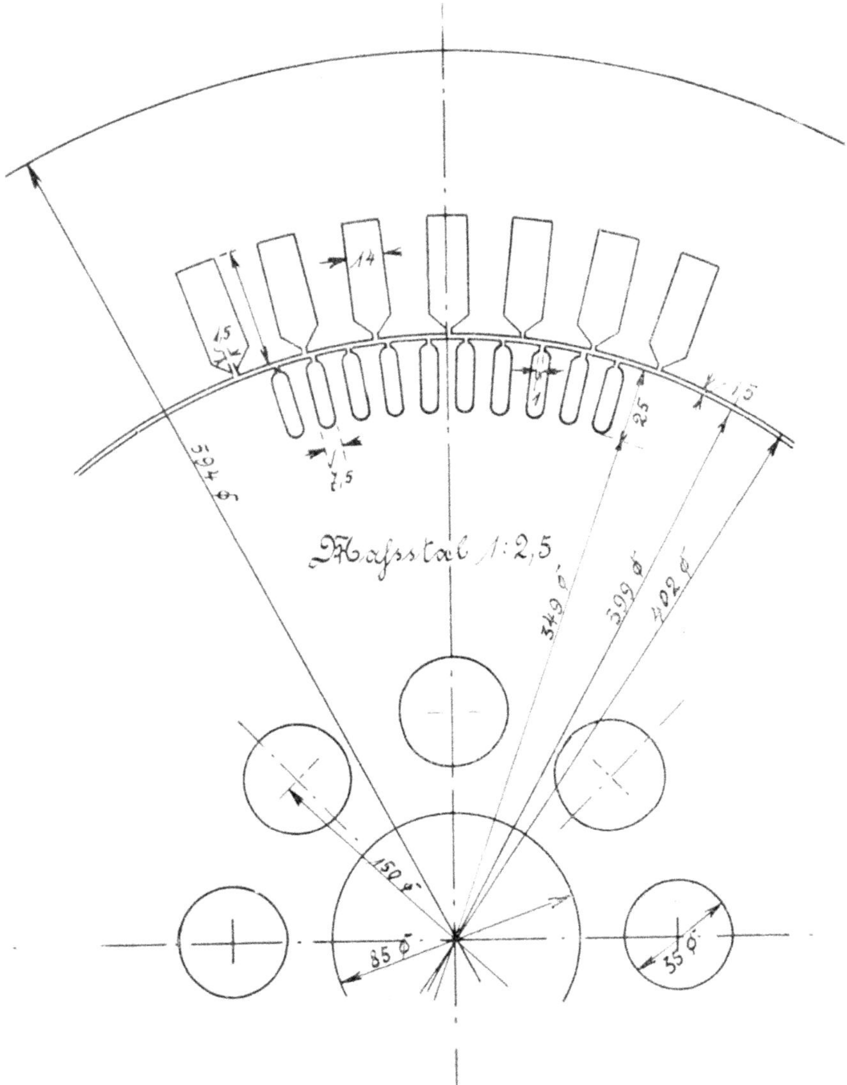

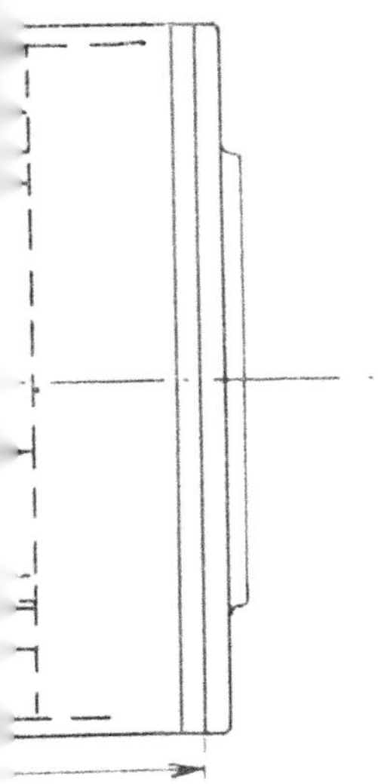

Anhang III.

Berechnung eines Drehstrommotors von 1250 kg Gewicht für 650 (1150) Volt[1]), 6 Pole, 100 Polwechsel (50 Perioden).

(Abmessungen und Schaulinien siehe Fig. 1—8.)

I. Für Nebeneinanderschaltung.

Die eingeklammerten ( ) Ziffern gelten für 1150 Volt. Für diese Spannung scheint der Motor etwas günstiger zu arbeiten, was aber Zufall ist.

A. Abmessungen.

1. Ständer (primärer Teil).

Das wirksame Eisen ist 6polig bewickelt, besteht aus Blechen von 0,35 mm Stärke und hat einen inneren Durchmesser von 402 mm, einen äufseren von 594 mm und eine Länge von 350 mm einschliefslich Papierisolation. Es ist mit 54 Nuten versehen, in denen die primäre Wickelung von je 10 (17) Drähten untergebracht ist. Drahtzahl pro Zweig also 180 (306); die 3 Zweige sind in Stern geschaltet.

Die Wickelung besteht aus Flachkupfer von 3,5 · 5 (3,5 · 2,4) mm blank und 4,5 · 6,0 (4,5 · 3,4) mm besponnen, also Drahtquerschnitt 17,5 (4,8) qmm.

Die Abmessungen der Nuten sind 14 · 40 mm; es liegen darin 2 Drähte nebeneinander {(2 · 4,5) mm + (2 · 2) mm für Isolation + 0,5 mm Spielraum} und 5 (9) Drähte übereinander {(5 · 6,0), $\underbrace{(9 \cdot 3{,}4)}_{}$ (bei 1150 Volt) mm + 4 mm für Isolation + 6 (7,4) mm für Spiel und Keil.}

Es ergibt sich eine Teilung am Umfang der Nut von 23,4 mm, am Fufse des Keils von 24 mm und am Grunde der Nut von 28,0; die Nuten sind halb geschlossen und mit einem Einschnitt von 1,5 mm versehen, also sind die entsprechenden Zahnstärken 21,9, 10 und

[1]) Die Spannung von 1150 ist schon hier zu berücksichtigen, obwohl deren Notwendigkeit sich erst später bei der Berechnung der Leitungsanlage ergibt. Wegen des Vergleichs mit dem Gleichstrommotor ist die Berechnung für 650 Volt durchgeführt.

14 mm; die mittlere Zahnstärke am Kopfe $\frac{21,9 + 10}{2} \cong 16$ mm, im Zahne selbst $\frac{10 + 14}{2} = 12$ mm. Die Differenz von 4 mm ist nur vorhanden auf $^1/_{10}$ der ganzen Zahnlänge, verteilt sich also auf die ganze Länge des Zahnes mit dem zehnten Teil ihres Betrages, also ist die mittlere in Rechnung zu setzende Zahnstärke = 12,4 mm.

Für Papierisolation bei 0,35 mm Blechstärke gehen etwa 13 % der Länge verloren, so daſs die wirkliche Länge des Eisens statt 350 mm nur 305 mm beträgt. Der Zahnquerschnitt für den halben Zweig ist $\frac{305 \cdot 12,4}{10 \cdot 10} \cdot \frac{18}{2} \cong 340$ qcm; demnach das Gewicht sämtlicher Zähne $\frac{340 \cdot 2}{1000} \cdot \frac{40}{10} \cdot 7,8 \cdot 3 = 7,8 \cdot 8,2 \cong 65$ kg.

Querschnitt des Kernes $\frac{305}{10} \cdot \frac{1}{2} \cdot \frac{1}{10}[594 - (402 + 2 \cdot 40)] = 171$ qcm (für den Kraftlinienverlauf kommt der Kernquerschnitt doppelt in Betracht). Kerngewicht:

$$\frac{171 \cdot \pi \cdot (48,2 + 5,6) \cdot 7,8}{1000} = 7,8 \cdot 28,4 \cong 225 \text{ kg.}$$

Länge eines Leiters einschlieſslich Wickelungsenden 1100 mm, Länge der ganzen Wickelung eines Zweiges 1,1 · 180 (306) $\cong$ 200 (337) m; daher der Widerstand der Wickelung eines Zweiges $w_p = \frac{200 \cdot 0,0176}{17,5}$ $\sim$ 0,20 (0,70) Ohm, mit Rücksicht auf Erwärmung des laufenden Motors zu rund 0,22 (0,77) Ohm angenommen. Kupfergewicht $\frac{3 \cdot 17,5\ (8,4)}{10000}$ · 2000 (3370) · 9,0 $\cong$ 94,5 (76,5 kg).

2. Läufer (sekundärer Teil).

Das wirksame Eisen besteht aus Blechen von 0,35 mm Stärke und hat einen Auſsendurchmesser von 399 mm (Luftraum 1,5 mm).

Es ist dicht an der Welle mit Aussparungen versehen und hat 91 Nuten, in denen die sekundäre Wickelung liegt. Dieselbe ist Stabwickelung in Stern geschaltet und hat die Abmessungen (5,0 · 9,5) mm blank und (5,5 · 10,0) mm besponnen, also einen Querschnitt von 47,5 qmm. In jeder Nut liegen 2 Stäbe übereinander, also haben die Nuten eine Tiefe von: (2 · 10,0) mm + 2,0 mm für Isolation + 4,0 für Zahnkopf und Spielraum = 25 mm und eine Breite von: (1 · 5,5) + 2,0 für Isolation und Spielraum = 7,5 mm. Drahtzahl pro Zweig 60. Da die Nuten halb geschlossen sind mit einem Einschnitt von 1,0 mm

Breite, so ist die Zahnstärke am äufseren Kopf 13,85 — 1,0 = 12,85 (bei einer Teilung $\frac{\pi \cdot 390}{92} = 13{,}85$ mm)

am Kopf der Nut vor der Abrundung:

$$(13{,}2 - 7{,}5) = 5{,}7 \left(\text{Teilung} = \frac{\pi \cdot (399 - 7)}{91} = 13{,}2\right)$$

am Grunde der Nut vor der Abrundung:

$$(12{,}3 - 7{,}5) = 4{,}8 \left(\text{Teilung} = \frac{\pi \cdot (399 - 50 + 7)}{91} = 12{,}3\right)$$

am Grunde der Nut an der Abrundung:

$$12{,}1 \left(\text{Teilung} = \frac{\pi \cdot (399 - 50 + 7}{91} = 12{,}1\right)$$

mittlere Zahnstärke am Zahnkopf $\frac{12{,}85 + 5{,}7}{2} = 9{,}3$ mm,

mittlere Zahnstärke am Zahngrund $\frac{12{,}1 + 4{,}8}{2} = 8{,}4$ mm,

mittlere Zahnstärke im Zahne selbst $\frac{4{,}8 + 5{,}7}{2} = 5{,}3$ mm.

Die Längen der mittleren Zahnstärken sind am Kopfe 4, am Grunde 4, im Zahne selbst 16 mm, also auf 25 mm Länge zu verteilen $\frac{4}{25}(9{,}3 - 5{,}3) + \frac{4}{25} \cdot (8{,}4 - 5{,}3) = 0{,}64 + 0{,}5 = 1{,}14$; als mittlere in Rechnung zu setzende Zahnstärke $5{,}3 + 1{,}1 \cong 6{,}4$ mm. Der Zahnquerschnitt für den halben Zweig ist also bei 13 % für Papierisolation $\frac{0{,}87 \,.\, 350}{10} \cdot \frac{6{,}4}{10} \cdot \frac{30}{2} \cong 292$ qcm und das Gewicht aller Zähne $\frac{292 \cdot 2 \cdot 25}{1000 \,.\, 10} \cdot 7{,}8 \cdot 3 = 7{,}8 \cdot 4{,}35 \cong 34$ kg.

Die Kernstärke ist 82 mm, also Querschnitt $= \frac{82}{10} \cdot \frac{305}{10} \cong 250$ qcm, in Rechnung zu setzen mit doppelter Gröfse, also 500 qcm. Das dem Querschnitt 250 qcm entsprechende Kerngewicht $= \frac{250}{1000} \cdot \pi \cdot (349 - 82) \cdot 7{,}8 = 7{,}8 \cdot 21{,}0 \backsim 165$ kg. Gesamtes Gewicht einschliefslich des Teils mit Aussparungen $\cong$ 200 kg.

Mittlere Länge eines Stabes einschliefslich Wickelungsenden 720 mm; Länge der ganzen Wickelung eines Zweiges $= 0{,}72 \,.\, 60 \cong 43$ m, also der Widerstand derselben $\frac{43 \cdot 0{,}0176}{47{,}5} \cong 0{,}016$ Ohm, mit Rücksicht auf Erwärmung und den Widerstand zwischen Bürsten und Schleifringen $\cong$ 0,19 Ohm angenommen. Kupfergewicht $= 3 \cdot \frac{47{,}5}{10000} \cdot 430 \cdot 9{,}0 \cong 55$ kg.

B. Berechnung der elektromagnetischen Eigenschaften des Motors.

a) Magnetisierende Kräfte
(bei Leerlauf d. i. synchronischem Antrieb).

1. Im Luftraum.

Als Querschnitt des Kraftlinienüberganges kann das Mittel aus dem Umfang des primären und des sekundären Teils je abzüglich der halben Schlitzbreite in den Nuten in Betracht gezogen werden, also der Umfang pro halben Zweig

$$= \frac{\left(399 \cdot \pi - \frac{91}{2}\right) + \left(402 \cdot \pi - \frac{54 \cdot 1{,}5}{2}\right)}{2 \cdot 6 \cdot 10} = 20{,}2 \text{ cm}$$

und der Luftübergangsquerschnitt $F = 20{,}2 \cdot 35{,}0 = 707$ qcm. Der Luftweg ist zu $2 \cdot 1{,}5 = 3$ mm anzurechnen. Bei etwa $4\,\%$ Spannungsverlust ist eine elektromotorische Gegenkraft von 624 (1100) Volt zu erzeugen; daher ist die mittlere Luftsättigung (ohne Streuung):

$$H_{\text{Luftmittel}} = \frac{E}{\sqrt{3}} \cdot 10^8 \cdot \frac{1}{2{,}22 \cdot \sim \cdot 2 \cdot Z\,(\text{Zweig}) \cdot 0{,}90 \cdot F}$$

$$= \frac{624\,(1100) \cdot 10^8}{\sqrt{3} \cdot 2{,}22 \cdot 50 \cdot 180\,(306) \cdot 0{,}90 \cdot 707} = 2850\,(2960).$$

Nimmt man an, dafs die den Luftraum überschreitenden Kraftlinien auf dem Umfang sinusförmig verteilt sind, so ergibt sich als gröfste für den Luftraum in Betracht kommende Sättigung

$$H_{\max} = \frac{\pi}{2} \cdot H_{\text{mittel}} = 4480\,(4650)$$

daraus die Amp-Windungen für den cm Luftweg $= \frac{10}{4 \cdot \pi} \cdot 4480 = 3580$ (3700) und die gesamte magnetisierende Kraft für den Luftweg 3580 $(3700) \cdot 3 = 1074\,(1110)$.

2. In den Zähnen.

	primär	sekundär
Gröfst. Sättigung (ohne Streuung)	$4480\,(4650) \cdot \frac{707}{342} \sim 9300\,(9620)$	$4480\,(4650) \cdot \frac{707}{292} \sim 10900\,(11250)$
Amp-Windungen pro cm .	4,3 (4,6)	6,1 (7,0)
Weglänge der Kraftlinien . .	$2 \cdot 4 = 8$	$2 \cdot 2{,}5 = 5$
Gesamt. magnet. Kraft f. d. Zähne	33,5 (37,0)	30,5 (35,0)

3. Im Kerneisen.

	primär	sekundär
Mittl. Sättigung (ohne Streuung)	$3580\ (3700) \cdot \frac{707}{342} \cong 5900\ (6120)$	$3580\ (3700) \cdot \frac{707}{292} \cong 4050\ (4180)$
Amp-Windungen pro cm .	1,9 (2,1)	1,1 (1,3)
Weglänge cm .	35	25
Gesamt. magnet. Kraft f. d. Kern	67 (74)	28 (33)

(Die für das Eisen der Zähne und Kerne angegebenen Werte für die pro cm Kraftlinienweg erforderliche Amp-Windungszahl sind durch Versuche ermittelt und stimmen ungefähr überein mit den von Arnold in der »Theorie der Gleichstrommaschine 1902« angegebenen Werten.)

4. Zusammenstellung aller magnetisierenden Kräfte auf dem Gesamtweg der Kraftlinien.

	primär	sekundär	primär	sekundär
Luft	1074	—	(1110)	—
Zähne	33,5	30,5	(37)	(35)
Kerne	67	28	(74)	(33)

$\Sigma\, AW \cong 1233$ Amp-Windungen (1290).

b) Bestimmung des Magnetisierungs- und Kurzschlufsstromes zur Aufstellung der Schaulinien.

Der erforderliche Magnetisierungsstrom bei Leerlauf, d. i. synchronischem Antrieb, ergibt sich zu

$$J_m = \frac{2 \cdot \Sigma AW}{\text{Leiter pro Polpaar und Zweig}} \cdot \frac{1}{\sqrt{2}} \cdot \frac{1}{1{,}865}$$

$$= \frac{2 \cdot 1233\ (1290)}{180/3\ (306) \cdot \sqrt{2} \cdot 1{,}865} \cong 15{,}6\ (9{,}7) \text{ Amp}$$

(der Quotient $\frac{1}{\sqrt{2}}$, reduziert von Maximalwerten auf effektive Werte, und der Quotient $\frac{1}{1{,}865}$ berücksichtigt den Umstand, dafs der Höchstwert des aus den drei Einzelfeldern zusammengesetzten Feldes zwischen 2 und $\sqrt{3}$ schwankt).

Der gröfste Arbeitsstrom ist näherungsweise aus der empirischen Formel zu bestimmen

$$(J \cdot \cos \varphi) \max = \frac{C \cdot E \cdot \text{Ankerradius}}{\text{Ankerlänge} \cdot \sim \cdot (\text{halbe Drahtzahl pro Zweig}) \cdot 2 \cdot 0{,}9}$$

$$= 100000 \cdot \frac{624\ (1100) \cdot 20}{35 \cdot 50 \cdot 90^2\ (153^2) \cdot 0{,}9} = 98{,}0\ (59{,}5)$$

also der Kurzschlufsstrom $= J + 2\,(J \cdot \cos \varphi) \max = 15{,}6\ (9{,}7) + 2 \cdot 98\ (2 \cdot 59{,}5\ \text{m}) \cong 211{,}6\ (128{,}7)$ Amp. Nach diesen Gröfsen läfst sich die Darstellung der Schaulinien aufzeichnen.

c) Verluste im Eisen.

	primär	sekundär	
Verluste in den Zähnen bei höchster Sättigung (Watt/cdm)	1,05 · 50 (1,13)	1,36 · 50 1,50 0,85 · 25 (0,90)	Stillstand (50 Perioden) halber Lauf (25 Perioden)
Für 8,2 bezw. 4,35 cdm (Watt)	430 (460)	295 (325) 90 (100)	Stillstand halber Lauf
Verluste im Kern bei mittlerer Sättigung (Watt/cdm) . . .	0,42 · 50 (0,48)	0,21 · 50 (0,23) 0,14 · 25 (0,14)	Stillstand halber Lauf
Für 28,5 bezw. 21,1 cdm (Watt)	600 (680)	220 (240) 75 (75)	Stillstand halber Lauf

Gesamteisenverluste (Watt):

1030 (1140) bei synchronem Lauf des Ankers

1030 + 515 (1140 + 565) bei Stillstand des Ankers

1030 + 165 (1140 + 175) bei halbem Lauf.

Die Werte für die Verluste in Watt/cdm entstammen Versuchstabellen für die verwendeten Bleche.

C. Berechnung der Leistungen des Motors.

	650 Volt		
	auf d. Wagerechten	auf der Steigung	beim Anfahren
Primärstrom J_1	18,7	62,8	99,0
Sekundärstrom J_2	28	178	275
Kupferverluste primär $= 3 \cdot J_1^2 \cdot W_1$	230	2600	6450
Desgl. sekundär $= 3 \cdot J_2^2 \cdot W_2$	50	1800	4300
Eisenverluste	1100	1100	1100
Reibungsverluste	1600	1600	1600
Gesamtverluste	2980	7100	13 450
Leistungsfaktor $\cos \varphi$	0,59	0,876	0,835
Aufgenommene Watt $= J_1 \cdot E \cdot \cos \varphi \cdot \sqrt{3}$	9400	61 500	93 000
Aufgenommene Watt abzügl. Verluste	6420	54 400	79 550
Leistung PS	12,6	74	108
Umdrehungen in der Minute	995	972	950
Wirkungsgrad $\eta = \frac{\text{aufgenomm. Watt—Verl.}}{\text{aufgenommene Watt}}$	0,75	0,887	0,86
Drehmoment mkg	9,1	54,3	81

	1150 Volt		
	auf d. Wagerechten	auf der Steigung	beim Anfahren
Primärstrom J_1	11,6	35,3	55,8
Sekundärstrom J_2	30	172	274
Kupferverluste primär $= 3 \cdot J_1^2 \cdot W_1$	310	2890	7200
Desgl. sekundär	50	1680	4280
Eisenverluste	1200	1200	1200
Reibungsverluste	1600	1600	1600
Gesamtverluste	3160	7370	14 280
Leistungsfaktor $\cos \varphi$	0,54	0,878	0,845
Aufgenommene Watt $= J_1 \cdot E \cdot \cos \varphi \cdot \sqrt{3}$	12 460	61 800	93 800
Aufgenommene Watt abzügl. Verluste	9300	54 430	79 520
Leistung PS	12,6	74	108
Umdrehungen in der Minute	995	972	950
Wirkungsgrad $= \eta = \frac{\text{aufgenomm. Watt-Verl.}}{\text{aufgenommene Watt}}$	0,745	0,879	0,850
Drehmoment mkg	9,1	54,3	81

Die primäre Wickelung läſst sich bei denselben Nutenabmessungen noch für 2000 Volt wickeln. Die Drahtzahl primär müſste dann unter Voraussetzung derselben Sättigung rd. $3 \cdot 180 \cong 540$ sein; sie ist aber nur 28 pro Nut, also $18 \cdot 28 = 504$; (2,26 mm Durchmesser blank, 2,8 mm besponnen; $3 \cdot 28$ mm $+$ 5,6 mm für Isolaliton; $9 \cdot 2,8$ mm

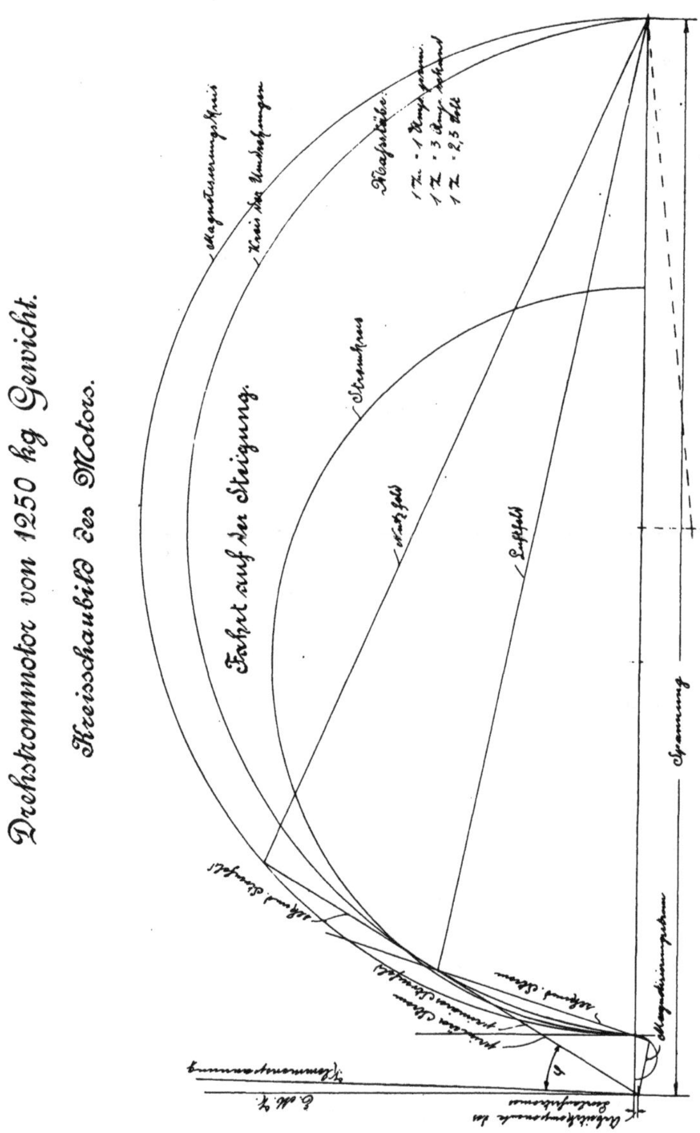
Drehstrommotor von 1250 kg Gewicht.
Kreisschaubild des Motors.
Fahrt auf der Steigung.
Spannung

Fig. 2.

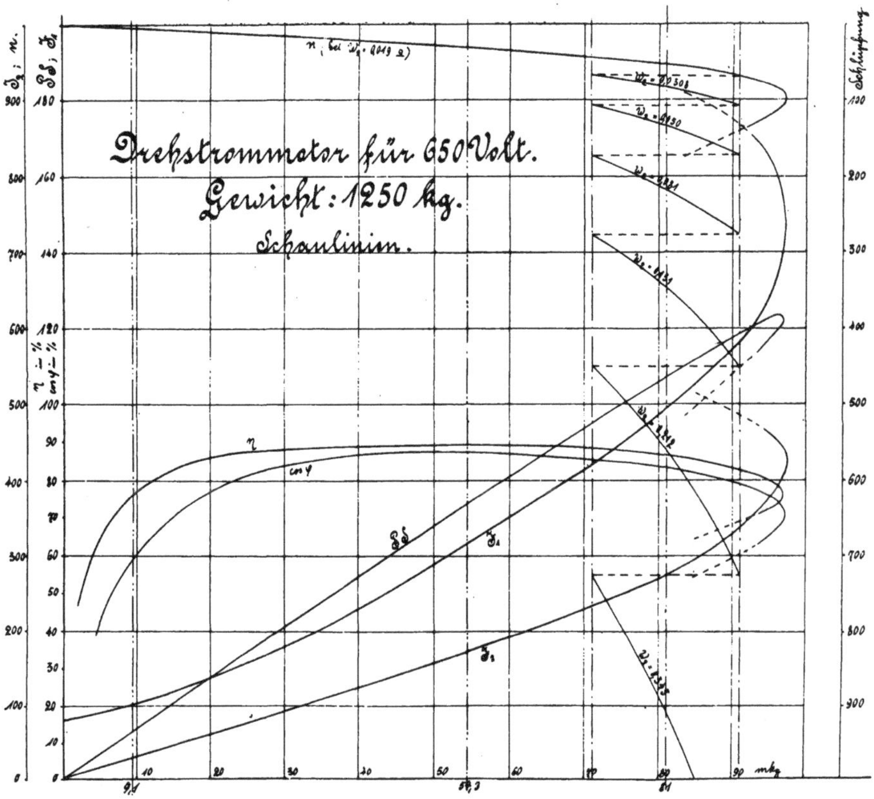

Fig. 3.

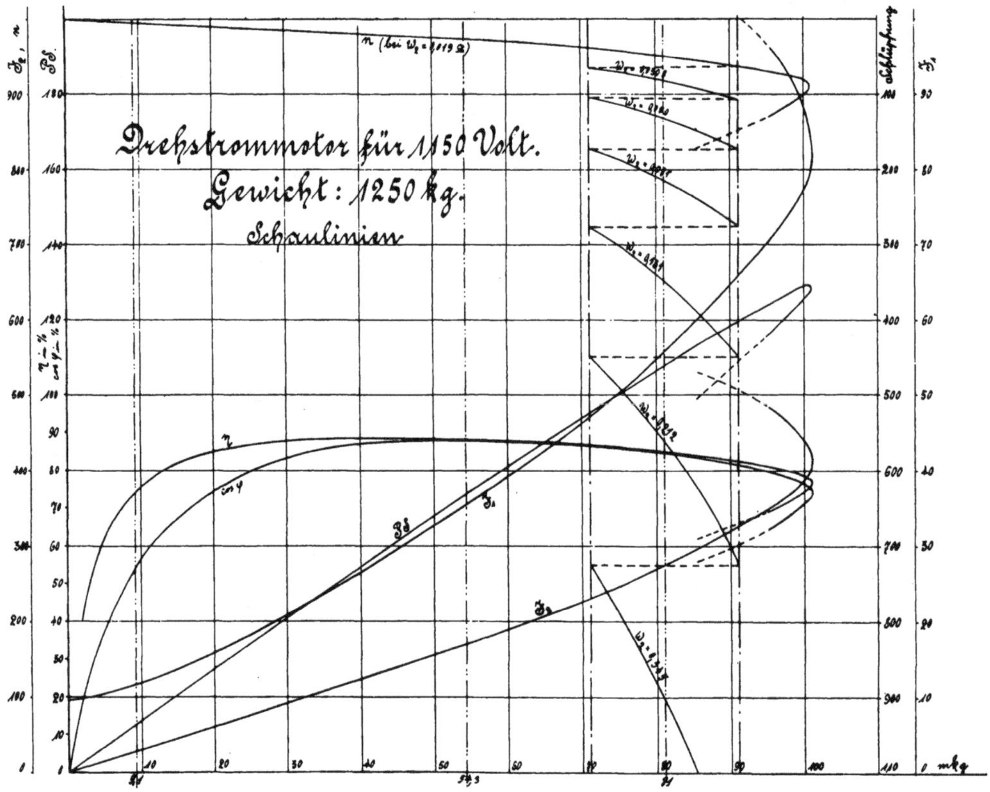
Drehstrommotor für 1150 Volt.
Gewicht: 1250 kg.
Schaulinien
Schlüpfung
cos φ

Fig. 4.

+ 7,8 mm für Isolation und Spielraum und 7 mm für den Keil). Daher steigt die Sättigung und mit ihr der Magnetisierungsstrom und die Eisenverluste, der Querschnitt ist 4,07 gegenüber 17,5, also verhältnismäſsig kleiner, daher auch die Kupferverluste gröſser, mithin der Wirkungsgrad schlechter, der gröſste Arbeitsstrom wird kleiner, der Magnetisierungsstrom gröſser, also der cos φ kleiner.

Gewicht des Motors.

Wirksames Eisen	65,0 kg	Zahneisen prim.
	225,0 »	Kerneisen »
	34,0 »	Zahneisen sek.
	200,0 »	Kerneisen »
Kupfer	94,5 »	prim.
	25,0 »	sek.
Gehäuse mit Schrauben und einschl. der Ansätze . .	286,0 »	
Preſsringe, Druckplatten . .	80,5 »	
Lagerschilder	110,0 »	
Welle mit Schleifringen . .	90,0 »	
Bürstenhalter	10,0 »	
	= ∾ 1250,0 kg.	

Oberfläche des Motors.

Die Stirnseitenoberfläche beträgt:

$$O_1 = 6{,}3^2 \cdot \frac{\pi}{4} = 31 \text{ qdm.}$$

Hierzu 15 % Zuschlag für die Vorsprünge, zusammen also = ∾ 35,6 qdm.

Die Manteloberfläche beträgt:

$$O_2 = 6{,}3 \cdot \pi \cdot 8{,}2 = \sim 162 \text{ qdm.}$$

Die Gesamtoberfläche des Motors beträgt demnach:

$$O = 2\,O_1 + O_2 = 233{,}2 \text{ qdm.}$$

Nimmt man noch ca. 4,8 qdm Zuschlag für die Tatzenlager, so erhält man als kühlende Gesamtoberfläche des Motors:

$$O = \sim 238 \text{ qdm.}$$

II. Für Kaskadenschaltung zweier Motoren bei Erhöhung der Spannung am Motor I durch einen Transformator.

Methode der Untersuchung nach dem Vorschlage des Verfassers.)

Hauptbedingung: Drehmoment jedes Motors = 81 mkg.

Entsprechend der Schlüpfung bei Nebeneinanderschaltung wird die Umlaufzahl der Motorgruppe für die Anfahrbelastung zu 470 pro Min. angenommen. Ist $2{,}97 = \frac{Z_1}{Z_2}$ gleich Übersetzungsverhältnis der

5*

prämären zu den sekundären Windungen, so entspricht der Periodenzahl von $\frac{1000 - 470}{1000} \cdot 50 = 26{,}5$ (ohne Streuung) eine Spannung von $\frac{650}{2{,}97} \cdot \frac{26{,}5}{50} = 116$ Volt für die Primärwickelung des zweiten Motors. An Stelle dieser Spannung wird jedoch eine Spannung von 130 Volt gewählt, einerseits, um die Leistung des Motors zu erhöhen, anderseits auch, um die verlangten Drehmomente in das Gebiet des günstigsten $\cos \varphi$ zu verlegen. Es ist nun zu untersuchen, welche Spannung unter diesen Verhältnissen der Primärwickelung des Motors I zugeführt werden mufs, wie grofs die Phasenverschiebung daselbst wird und ob der Motor II und Motor I das erforderliche Drehmoment liefert.

1. Bestimmung des Energieverbrauches am Motor II.

Zunächst wird (Fig. 5) das Schaubild des Motors II (als Läufermotor) für 130 Volt primär (Läufer) aufgezeichnet.

Es ist $J_m = 53$ und $J_{a\,\max.} = 344$ Amp.

Mafsstab 1 mm = 5 Amp.

Streuung = 0,06; hieraus der Durchmesser des Magnetisierungskreises $= \frac{53}{5} \cdot \frac{1}{0{,}06} - \frac{53}{4} = 176{,}6 - 10{,}6 = 166$ mm,

also 1 mm $= \frac{130}{166 + 10{,}6} = 0{,}735$ Volt primär (Läufer).

In bekannter Weise wird das Schaubild mit dem Strom- und Magnetisierungskreis aufgezeichet; der Durchmesser des kleinen, den Spannungsverlust primär berücksichtigenden Kreises ergibt sich aus

$$\triangle E \text{ bei Kurzschlufs} = 0{,}019 \cdot \sqrt{3} \cdot 2 \cdot 344,$$

wo 0,019 der Widerstand primär (warm) ist.

$$\triangle E = 22{,}5 \text{ Volt} = \frac{22{,}5}{0{,}735} = 30{,}5 \text{ mm.}$$

Soll nun beim Anfahren mit Kaskadenschaltung dasselbe Drehmoment vom Motor II erzeugt werden, wie bei Nebeneinanderschaltung, nämlich dasjenige von 81 mkg

$$\left(PS = \frac{81 \cdot 470}{716{,}2} = 53\right),$$

so wird unter der vorläufigen Annahme von $\cos \varphi_2 = 0{,}885$ und $\eta = 0{,}835$ der Primärstrom für Motor II

$$J_1 = \frac{53 \cdot 736}{130 \cdot \sqrt{3} \cdot 0{,}885 \cdot 0{,}835} = \sim 235 \text{ Amp.}$$

Diese Gröfse wird in Fig. 5 eingetragen und untersucht, ob $\cos \varphi$ stimmt (andernfalls mufs durch neue Rechnung verbessert werden).

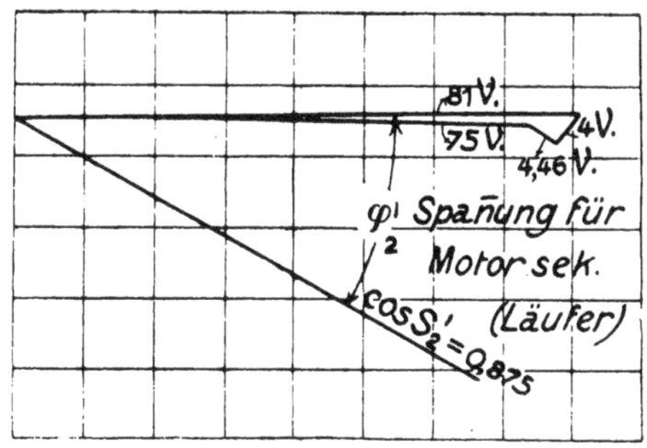
81 V.
75 V.
4 V.
4,46 V.
φ'2 Spañung für
Motor sek.
(Läufer)
cos S'2 = 0,875

Fig. 6.

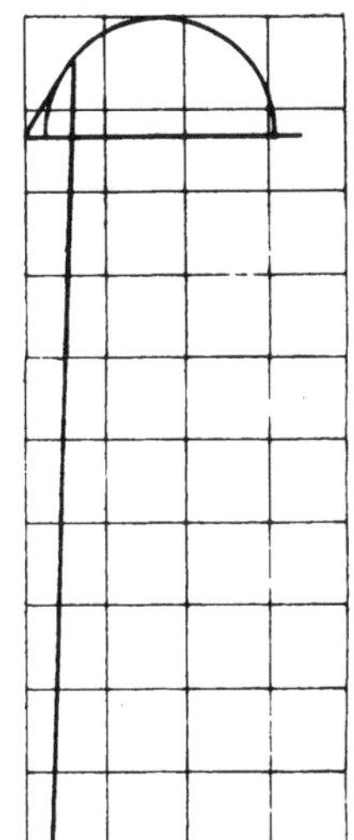
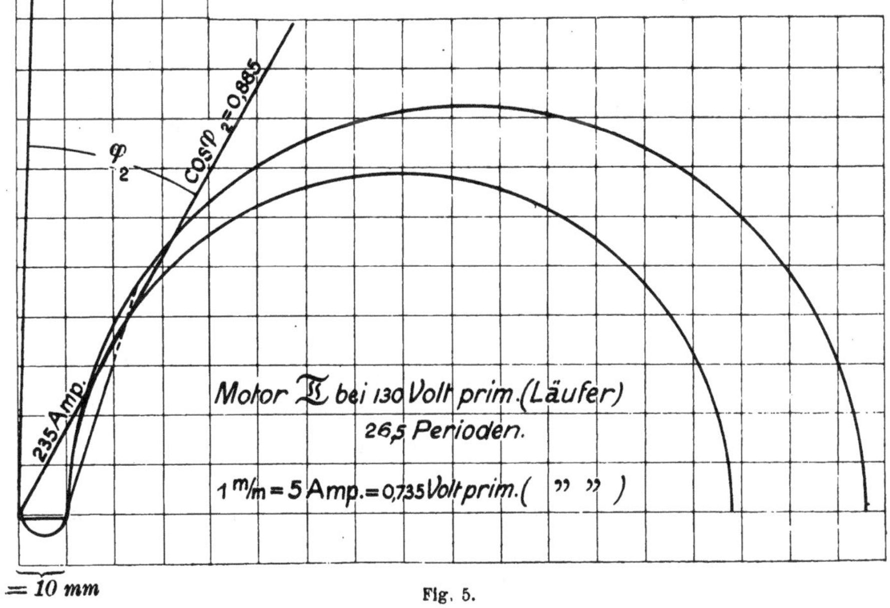
φ2
cos φ2 = 0,885
235 Amp.
Motor II bei 130 Volt prim. (Läufer)
26,5 Perioden.
1 m/m = 5 Amp. = 0,735 Volt prim. (" ")
= 10 mm

Fig. 5.

2. Bestimmung der vom Motor I zu liefernden Spannung.

Der Ohmsche Spannungsverlust im Läufer von Motor II ist $= 235 \cdot 0{,}019 = 4{,}46$ Volt. Der induktive Verlust wird angenommen mit 5% Spannung = 4 Volt.

In Fig. 6 wird in bekannter Weise die zuzuführende Spannung mit $81 \cdot \sqrt{3} = 140$ Volt bestimmt; $\cos \varphi_2' = 0{,}875$ (Maſsstab 1 mm = 1 Volt).

Diese Spannung ist vom Ankerfeld des Motors I zu liefern. Letzteres macht bei 50 Perioden 1000 Umlaufe im Primärteile, dagegen im Sekundärteile nur 1000—470, entsprechend der Schlüpfung von $\frac{1000 - 470}{1000} = 53\%$; das ganze Ankerfeld muſs also von der Gröſse $\frac{140}{0{,}53} = 264$ Volt sein.

3. Schaubild des als Erzeuger arbeitenden Motors I.

Die diesem Motor primär zuzuführende Spannung wird zunächst mit 970 Volt angenommen und (Fig. 7) das Schaubild hierfür in der gewöhnlichen Weise aufgezeichnet

$J_m = 26{,}8$ Amp; $J_{a\,\max.} = 148$ Amp.

Streuung = 0,06; Maſsstab 1 mm = 2 Amp-primär.

$= 2 \cdot 2{,}97 = 5{,}94$ Amp sekundär.

$$\text{Durchmesser des Magnetisierungskreises} = \frac{26{,}8}{2} \cdot \frac{1}{0{,}06} - \frac{26{,}8}{2}$$

$$= 223 - 13{,}4 = 209{,}6 \text{ mm,}$$

$$\text{also } 1 \text{ mm} = \frac{970}{223} = 4{,}3 \text{ Volt primär}$$

$$\text{und } 1 \text{ mm} = \frac{4{,}3}{2{,}97} = 1{,}45 \text{ Volt sekundär.}$$

Dieses Schaubild gilt für den Fall, daſs im sekundären Stromkreis der Kosinus = 1 ist. Es ist aber nun ein Schaubild zu entwerfen für den Fall, daſs $\cos \varphi = 0{,}875$ ist. Zu diesem Zweck wird in Fig. 8 zunächst das Ankerfeld mit 264 Volt eingetragen (1 mm = 2 Volt) und unter dem Winkel φ_2' der Strom J_1 vom Motor II = J_2 vom Motor I = 235 Amp angesetzt. 1 mm = 3 Amp.

Parallel zu J wird das sekundäre Streufeld angesetzt, das aus Fig. 7 mit 21,7 Volt entnommen wird (15 mm · 1,45); die Zusammensetzung desselben mit dem Ankerfeld gibt das Luftfeld, auf dem der Erregerstrom von 26,8 Amp aufgetragen wird.

(Da 26,8 Amp ein primärer Strom, so muſs die Umrechnung in den sekundären Maſsstab erfolgen; es ist hier $1 \text{ mm} = \frac{3}{2{,}97}$ Amp $= 1{,}01$ Amp, also $\frac{26{,}8}{1{,}01} = 26{,}5$ mm.)

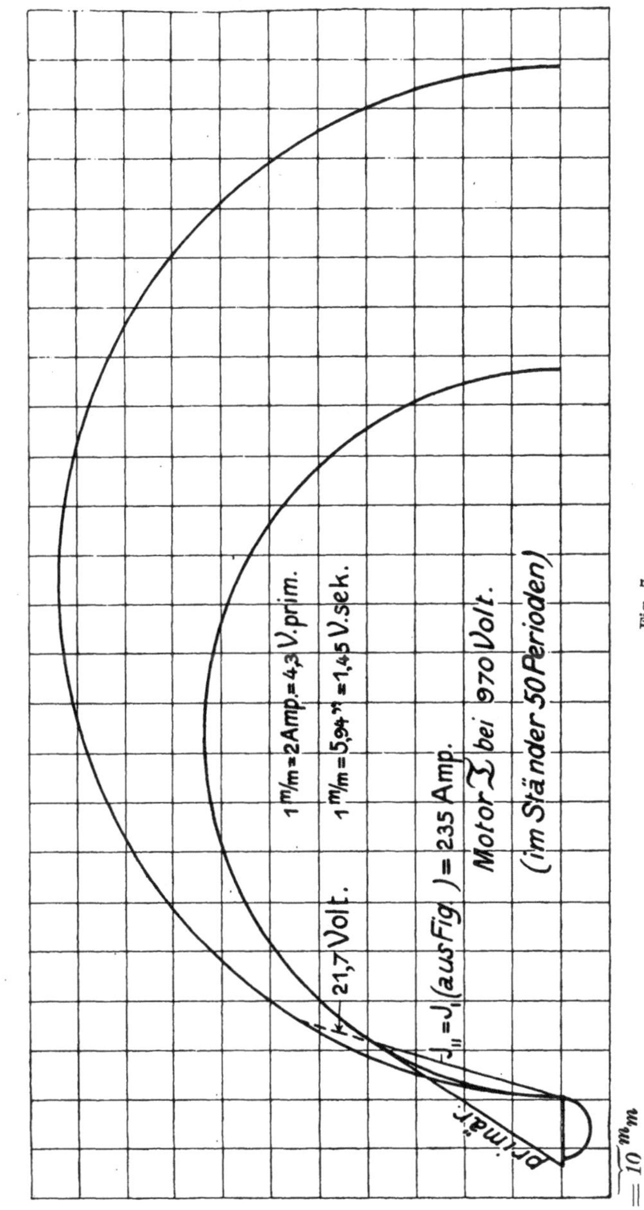
1 m/m = 2 Amp. = 4,3 V.prim.
1 m/m = 5,94 " = 1,45 V.sek.
21,7 Volt.
J_II = J_I (aus Fig.) = 235 Amp.
Motor Σ bei 970 Volt.
(im Ständer 50 Perioden)
primär
= 10 mm

Fig. 7.

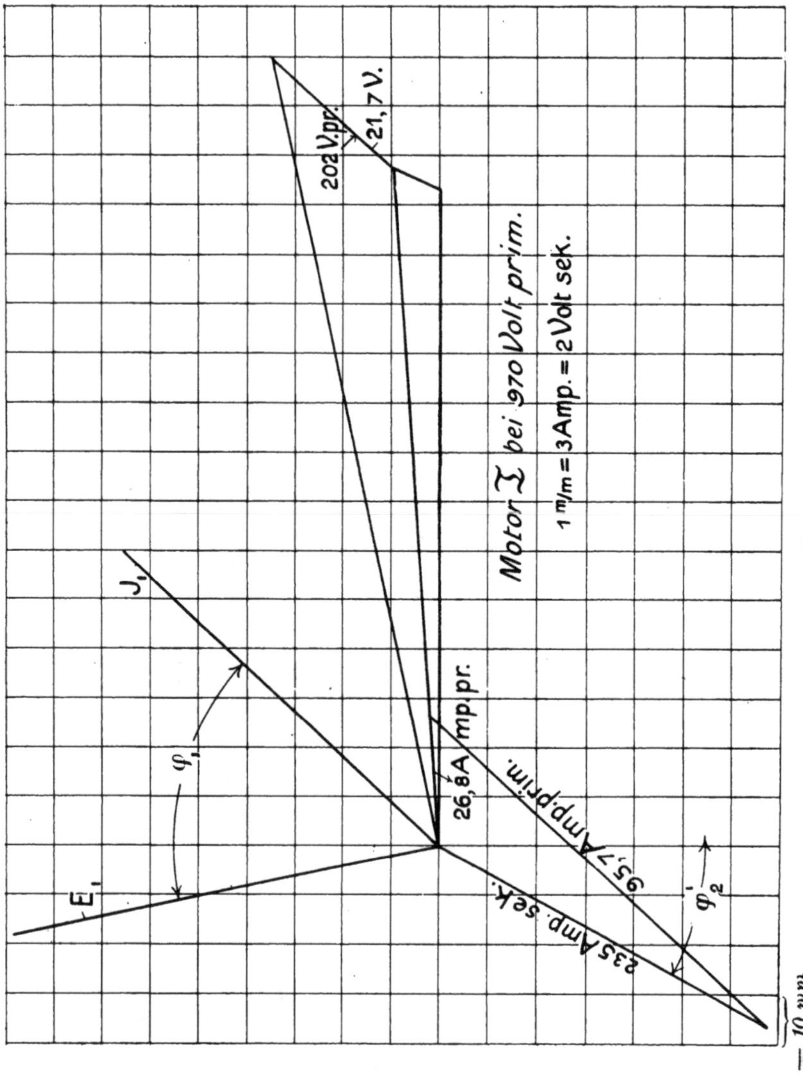
E1
J1
φ1
202 V.pr.
21,7 V.
Motor I bei 970 Volt prim.
1 m/m = 3 Amp. = 2 Volt sek.
26,8 Amp.pr.
95,7 Amp.prim.
235 Amp. sek.
φ'2
= 10 mm

Fig. 8.

Beide Ströme geben zusammen den primären Strom von Motor I $= 94{,}8$ mm oder $94{,}8 \cdot 1{,}01 = 95{,}7$ Amp.

An das sekundäre Streufeld ist das primäre anzusetzen, welches parallel zum primären Strom läuft. Dasselbe ist aus Fig. 7 zu rechnen; es wird

$$= \frac{95{,}7}{2} = 47{,}85 \text{ mm}; \text{ da } 1 \text{ mm} = 4{,}3 \text{ Volt ist,}$$

so beträgt dasselbe 206 Volt primär.

Die Umrechnung für den sekundären Mafsstab ergibt:

$$\frac{260}{2} \cdot \frac{1}{2{,}97} = 34{,}7 \text{ mm.}$$

Die Schlufslinie der drei Felder ergibt das Hauptfeld bezw. die zuzuführende Primärspannung mit 163,5 mm; die Umrechnung für die primären Verhältnisse ergibt $163{,}5 \cdot 2 \cdot 2{,}97 = 970$ Volt.

Hieraus folgt, dafs die Annahme der primären Spannung richtig war; würde das nicht zutreffen, so müfste das Verfahren mit anderen Spannungen wiederholt werden.

Es wird nun in bekannter Weise der Winkel φ_1 zwischen E_1 und J_1 besimmt. Derselbe hat einen Kosinus von 0,605.

4. Eine Probe

auf die Richtigkeit des Verfahrens ist die Rückwärtsbestimmung der Leistung und des Drehmomentes der Gruppe nach Ermittelung sämtlicher Verluste zu etwa 19940 Watt (vergl. die Berechnung derselben).

Verluste im Motor II.

	Ständer	Läufer primär	
Sättigung in den Zähnen	10400	12200	Die Spannung ist anstatt
Sättigung im Kern . . .	6600	4550	zu 116 zu 130 Volt ange-
Perioden annähernd . .	= 0	26,5	nommen, daher werden
Verluste in den Zähnen .	0	140	die Sättigungen nach dem
Verluste im Kern . . .	0	120	Verhältnis $\frac{130}{116}$ gegenüber
Kupferverluste	3500	3150	der früheren Berechnung
Reibungsverluste . . .	—	800	höher.

Gesamtverluste $= \sim 770$ Watt.

Nutzbare Watt $= 53 . 736 = 39000$ {(dem Drehmoment = 81 mkg entsprechend).

Gesamtwatt $= 46700 = 233 \cdot \sqrt{3} \cdot 130 . 0{,}885.$

Verluste im Motor I.

	Ständer	Läufer	
Sättigung in den Zähnen	13 900	16 300	Die Spannung beträgt statt 650 hier 970 Volt, daher werden die Sättigungen im Verhältnis $\frac{970}{650}$ gegenüber der früheren Berechnung höher.
Sättigung im Kern . . .	8 800	6 650	
Perioden	50	26,5	
Verluste in den Zähnen .	710	250	
Verluste im Kern . . .	1 100	230	
Kupferverluste	6 000	3 150	
Reibungsverluste . . .	—	800	

Gesamtverluste = 12 240 Watt.
Abgegebene Watt = 46 700, also Summe = 58 940 Watt.
Aufgenommene Watt = 97 300 Watt = $970 \cdot \sqrt{3} \cdot 95{,}7 \cdot 0{,}605$
Nutzbare Watt = 97 300 — 58 940 = 37 360 Watt oder 79 mkg.

Es fehlt also noch eine Kleinigkeit am erforderlichen Drehmoment, was wohl auf Ungenauigkeiten der Zeichnung etc. zurückzuführen ist. Man erkennt aber aus der Berechnung der Verluste, dafs der Motor I hinsichtlich der Erwärmung weit ungünstiger beansprucht wird als Motor II.

In derselben Weise wie vorstehend verfährt man für die Berechnung der Drehmomente für die Steigung etc. Für diese ist

$n = 483$ in der Min.; $M = 53{,}4$ mkg; $\cos\varphi = 0{,}55$ angenommen

$$A = \frac{M \cdot n}{716{,}2} = 36 \text{ PS} \qquad \eta = 0{,}81$$

$$J = \frac{736 \cdot 72}{970 \cdot \sqrt{3} \cdot 0{,}55 \cdot 0{,}81} = 71{,}0 \text{ Amp}$$

Die Methode hat natürlich ihre Unsicherheiten. Dieselben liegen in der Annahme des Streufeldes und der Schlüpfung, in der Berechnung der Verluste, hauptsächlich aber in den Ungenauigkeiten der Zeichnung und in der Annahme des induktiven Spannungsabfalles im Motor I. Von weiteren Versuchen noch genauere Werte zu finden, soll aber Abstand genommen werden, und die Werte sollen für die weitere Berechnung und Aufstellung der Fahrlinien benutzt werden. Zu Gunsten des Drehstrommotors soll dabei angenommen werden, dafs beide Motoren 81 mkg leisten.

5. Umrechnung der Werte für Kaskadenschaltung zur Benutzung für die Berechnung der Leitungsanlage.

Um die gefundenen Werte zur Berechnung der Leitungsanlage benutzen zu können, ist es erforderlich, die Transformation zu berücksichtigen und aufserdem die Ströme für die Spannung von 1150 Volt umzuwandeln.

Bei einer Spannung von 650 Volt in der Leitungsanlage würde der vom Transformator aus der Leitung zu entnehmende Strom für das Anfahren die Gröfse haben:

$$J = \frac{\sqrt{3} \cdot 95{,}7 \cdot 0{,}605 \cdot 970}{\sqrt{3} \cdot 0{,}6 \,.\, 0{,}97 \,.\, 650} = 148{,}2 \text{ Amp}$$

(wenn bei cos φ = 0,6 der Wirkungsgrad des Transformators 97 % beträgt und das Umsetzungsverhältnis etwa 625 : 970).

Für die Fahrleitungsspannung von 1150 Volt ist der Strom nach dem Verhältnis $\frac{650}{1150}$ zu verkleinern, daher entspricht derselben Leistung ein Strom von

$$J = \frac{650 \cdot 148{,}2}{1150} = 83{,}8 \text{ Amp.}$$

Bei Fahrt auf der Steigung braucht der Motor I einen Strom von 71,0 Amp bei 970 Volt und cos φ = 0,55. Mithin ist der Primärstrom des Transformators bei 650 Volt

$$J = \frac{71{,}0 \cdot 0{,}55 \cdot 970 \cdot \sqrt{3}}{0{,}54 \cdot 650 \cdot 0{,}95 \,.\, \sqrt{3}} = 113{,}7 \text{ Amp und für 1150 Volt}$$

$$J = \frac{650 \cdot 113{,}7}{1150} = 64{,}2 \text{ Amp.}$$

Die Werte 83,8 Amp und 64,2 Amp sind zur Berechnung der Leitungsanlagen zu benutzen.

6. Bestimmung der Abfallgrenze für die Kaskadenschaltung zweier Motoren bei 650 Volt Normalspannung.

Im Abschnitt II 1—4 dieses Anhanges ist durch Berechnung festgestellt, dafs zur Erzeugung des erforderlichen Drehmomentes von 81 mkg eine Spannungssteigerung auf 970 Volt an der Primärwcikelung des Motors I vorgenommen werden mufs.

Wenn aber eine Spannung von 970 Volt notwendig ist, so kann hieraus gefolgert werden, dafs unter denselben Arbeitsverhältnissen der Motoren bei 650 Volt das Moment die Gröfse haben würde

$$\frac{650^2}{970^2} \cdot 81 = 0{,}45 \cdot 81.$$

Das Gleiche gilt auch für das etwas höhere Abfallmoment von 97 mkg, d. h. das gröfste Moment, welches die Motorgruppe bei Kaskadenschaltung überhaupt hergibt, nämlich das Abfallmoment, ist etwa halb so grofs als dasjenige bei Nebeneinanderschaltung der Motoren.

Ein genauerer theoretischer Nachweis dieser Erscheinung, die durch Bremsversuche festgestellt worden ist, läfst sich ganz streng kaum beibringen und dürfte sehr schwierig sein.

Durch Überlegung läfst sich aber eine Erklärung für die Erscheinung auf folgendem Wege finden.

Wenn bei eingeschalteter Primärwickelung des ersten Motors auf 650 Volt Spannung die Kaskade stillsteht, so ist bei etwa 5 % Streuung die theoretische Öffnungsspannung im Sekundärkreis des ersten Motors (Widerstand = 0)

$$e_2 = 0{,}95 \cdot e_1 \cdot \frac{Z_1}{Z_2} = 0{,}95 \cdot \frac{650}{2{,}97} = 208 \text{ Volt.}$$

Wird die Kaskade mit 500 Umdrehungen entsprechend dem Kaskadensynchronismus angetrieben, so ist entsprechend dem Verhältnis $\frac{1000 - 500}{1000}$ die theoretische Öffnungsspannung $208 \cdot 0{,}5 = 104$ Volt. Die wirklich gemessene Spannung am belasteten Motor ist niedriger und zwar ist der Spannungsverlust durch Selbstinduktion und Ohmschen Widerstand mit 4 % der Phasenspannung, also etwa 7 % der verketteten Spannung, noch in Abzug zu bringen.

Die höchste an den Klemmen des Läufers I gemessene Spannung wird daher etwa $104 \cdot 0{,}93 = 97$ Volt betragen. Diese Klemmenspannung wird nicht konstant bleiben, sondern sie wird mit zunehmender Belastung der Motorgruppe trotz zunehmender Schlüpfung kleiner, da der Spannungsverlust in der Wickelung des Läufers I stärker zunimmt und aufserdem das Nutzfeld durch die Rückwirkung verringert wird.

α) Nimmt man nun einerseits trotzdem an, die höchste Spannung bleibe konstant, und berechnet man für die gefundene höchste Spannung von 97 Volt den Magnetisierungs- und Kurzschlufsstrom von Motor II in derselben Weise wie früher

$$(J_m \cong 36{,}5 \text{ Amp}, \ ^1/_2 \cdot J_k \cos \varphi \cong 260 \text{ Amp}),$$

so würde nach dem Kreisbilde des Motors II für 97 Volt bei dem besten Kosinus $\varphi = 0{,}89$ ein Strom von etwa 140 Amp, im Motor I also etwa 57,5 Amp primär auftreten.

Setzt man die Felder in derselben Weise ohne Rücksicht auf Erniedrigung der Spannung von 97 Volt zusammen wie unter 1 bis 4, so entspricht dem Strome von 140 Amp ein $\cos \varphi = 0{,}63$ und ein Wirkungsgrad von etwa 0,82.

Der gröfste Primärstrom beim Abfall des Motors ist aus dem Kreisbilde mit 390 Amp bei $\cos \varphi = 0{,}68$ zu entnehmen. Es sind nun

$$L = E\,J\,\sqrt{3}\cos\varphi = 97 \cdot 390\,\sqrt{3} \cdot 0{,}68 = 44\,500 \text{ Watt,}$$

die Verluste:

$$3\,J_1^2 \cdot w_1 + 3\,J_2^2\,w_2 + \text{Reibung} + \text{Eisenverluste} = 3 \cdot 385^2 \cdot 0{,}019$$
$$+ 3 \cdot 130^2 \cdot 0{,}22 + 800 + 300 = 8500 + 11\,200 + 1100 = 20\,800.$$

$$\text{Mithin ist } A = \frac{44\,500 - 20\,800}{736} \cong 32 \text{ PS}$$

$$M = 716{,}2 \frac{N}{n} = 716{,}2 \cdot \frac{32}{450} \cong 51 \text{ mkg.}$$

Es ist also ausgeschlossen, dafs der Motor II bei Kaskadenschaltung mehr als 51 mkg entwickeln kann, was etwa der Hälfte des Drehmomentes bei Nebeneinanderschaltung, nämlich 97 mkg entspricht. Die Zusammensetzung der Felder für Motor I ergibt, dafs die Anwendung des Stromes von 390 Amp unmöglich ist.

β) Anderseits ist aber selbst bei einer Belastung von nur 57,5 Amp am Motor I die Spannung in den Klemmen vom Läufer I nicht 97 Volt, sondern nur etwa 87 Volt und wird bei zunehmender Belastung noch kleiner, z. B. bei 70 Amp etwa 82 Volt, bei 75 Amp etwa 80 Volt, also werden die Magnetisierungs- und Kurzschlufsströme für Motor II kleiner. Der Kosinus vom Motor II wird daher schon bei 47 Amp und 87 Volt schlechter sein als 0,89 und wird bei zunehmender Belastung weiter schlechter, so dafs bereits bei etwa 75 Amp der Rechnung nach der Abfall des Motors einzutreten beginnt.

Es ist nämlich für die Motorgruppe:

bei 70 Amp $\cos \varphi = 0{,}62$, $\eta = 0{,}76$ die Leistung $A \cong 50{,}5$ PS und $M = 79$ mkg,

bei 75 Amp $\cos \varphi = 0{,}61$ $\eta = 0{,}74$ die Leistung $A \cong 51{,}5$ PS und $M = 80{,}5$ mkg.

Die im folgenden Abschnitt angegebenen Bremsungen einer Motorgruppe bestätigen die angestellten Untersuchungen.

7. Bremsversuche eines Motors allein bei 650 Volt.

In der Berechnung des Motors ist ein Erfahrungswert enthalten, durch welchen alle übrigen Werte sehr beeinflufst werden können. Es ist dies in der Formel für den gröfsten Arbeitsstrom der Motoren der Wert C, für welchen bei stationären Motoren ähnlicher Leistung ein Wert bis 100 000 beobachtet worden ist. Diese günstige Zahl mufste zunächst angenommen und für alle übrigen Rechnungen des Abschnittes B benutzt werden, um die Möglichkeit, einen solchen Motor zu schaffen, nicht ganz auszuschliefsen und den Vergleich für Drehstrom günstig zu gestalten.

Tatsächlich liegt der Wert nach den angestellten Bremsversuchen niedriger und zwar bei etwa 80 000, so dafs der vorliegende Motor bereits bei etwa 74 mkg abfallen würde.

Um denselben benutzen zu können, würde es erforderlich sein, ihn in seinen Wickelungsverhältnissen zu ändern, um die verlangten Drehmomente zu erreichen.

Das kann durch Verminderung der primären Drahtzahl von 10 auf 8 pro Nut (bezw. 17 auf 14 für 1150 Volt) erreicht werden. Hierdurch steigt die Luftsättigung von 2850 auf 3560 und damit auch die anderen Sättigungen, Zähne 11600 und 13600 Kern 6900 und 5050. Die Zähne sollen beibehalten werden, damit der Kupferquerschnitt nicht eingeschränkt zu werden braucht, so daſs der gesamte Widerstand der Primärwickelung auf 0,8 des ursprünglichen zurückgeht. Die Nuttiefe wird um 6 mm niedriger. Durch dieselbe Rechnung wie vorher findet man nunmehr den Magnetisierungsstrom zu 24 Amp. den gröſsten Arbeitsstrom zu 122 Amp. und endlich die drei Arbeitswerte der Motoren nach beifolgender Zusammenstellung.

	Auf der Wagerechten	650 Volt auf der Steigung	Beim Anfahren
Primärstrom	30	68,8	99,5
Sekundärstrom	29	144	220
Kupferverluste primär	420	2500	5150
Kupferverluste sekundär	48	1200	2850
Eisenverluste	2100	2100	2500
Reibungsverluste	1600	1600	1600
Gesamtverluste	4168	7400	12 100
Leistungsfaktor	0,40	0,80	0,825
Aufgenommene Watt	13 468	62 000	92 500
Aufgenommene Watt abzüglich Verluste	9300	54 600	80 400
Leistung in PS	12,6	74,2	109,5
Umdrehungen	996	978	970
Wirkungsgrad	0,69	0,88	0,87
Drehmoment	9,1	54,3	81

Hieraus ist zu ersehen, daſs der Motor bei kleinen Leistungen wesentlich ungünstiger und bei gröſseren Leistungen mit fast ebenso gutem Wirkungsgrad, aber mit schlechterem Kosinus arbeitet wie vorher bei 10 Drähten pro Nut.

Die Eisenverluste nehmen zu, die Kupferverluste nehmen ein wenig ab. Die Gesamtverluste bei kleinen Leistungen werden gröſser wie vorher.

Die Schaulinien weichen von den aufgestellten nicht so erheblich ab, daſs es erforderlich wäre, die nächst stärkere Type von Motoren zu verwenden, und es erscheint gerechtfertigt, die berechneten Beanspruchungswerte der Motoren für $C = 100\,000$ zunächst für die weiteren Berechnungen beizubehalten.

Den Berechnungen der Motoren von 10000 Volt unmittelbarer Spannung, von welchen später die Rede ist, ist der Sicherheit halber ein Wert von $C \cong 70\,000$ zu Grunde gelegt.

8. Bremsversuche bei Kaskadenschaltung zweier Motoren.

Um das Verhalten bei Kaskadenschaltung und die Berechnung nung (mit welcher Leistung zwei Motoren in Kaskadenschaltung arbeiten, wenn eine Erhöhung der Spannung am Motor I vorgenommen wird) auf Übereinstimmung mit der Wirklichkeit zu prüfen, ist ein Bremsversuch angestellt. Zwei Motoren übertragen ihre Leistung mittels Zahnrahdübersetzung 39 : 90 auf eine gemeinsame Welle, an welcher die gemeinsame mechanische Leistung durch Pronyschen Zaun abgebremst wird. Für Motor I und Motor II wird Strom, Spannung und elektrische Leistung gemessen, um festzustellen, welche mechanische Leistung jeder derselben abgegeben hat. Die Bremsung ist sowohl für erhöhte Spannung von 970 Volt, als auch des Vergleichs wegen für die normale von 650 Volt (645 Volt) vorgenommen.

In nachfolgender Tabelle sind die berechneten und die durch Bremsung erhaltenen Werte zusammengestellt, wobei die Zahnradübersetzung mit einem Wirkungsgrade von 0,94 in Rücksicht gezogen ist.

Nach den durch Bremsung gefundenen Werten sind die Schaulinien Fig. 9 und 10 für 970 und 645 Volt zusammengestellt. Bei letzterer Spannung fällt der Motor bereits bei 46,5 PS. und einem Drehmoment von 74 mkg ab.

Motorgruppe.

Werte der	Strom	cos φ	Wirkungsgrad	Drehmoment	Schlüpfung	Mechan. Leistung
Berechnung bei 970 Volt	95,7	0,605	0,79	160	6 %	104,8
Bremsung bei 970 Volt .	95,7	0,65	0,76	169	8,2 %	108

Motor II.

Werte der	Empfang. elektr. Leistung	Strom	cos φ	Spannung	Verluste	Elektr. Nutzleistung	Mechan. Leistung	Drehmoment
Berechnung bei 970 Volt . .	46 700	235	0,885	130	7700	39 000	53	81
Bremsung bei 970 Volt . .	45 700	230	0,89	129	7000	38 700	52,5	82

Motor I.

Werte der	Empfang elektr. Leistung	Abgegeb. elektr. Leistung	Verluste	Elektr. Nutzleistung.	Mechan. Leistung	Drehmoment
Berechnung bei 970 Volt	97 300	46 700	12 240	38 360	51,8	79
Bremsung bei 970 Volt .	104 000	45 700	17 500	40 800	55,5	87

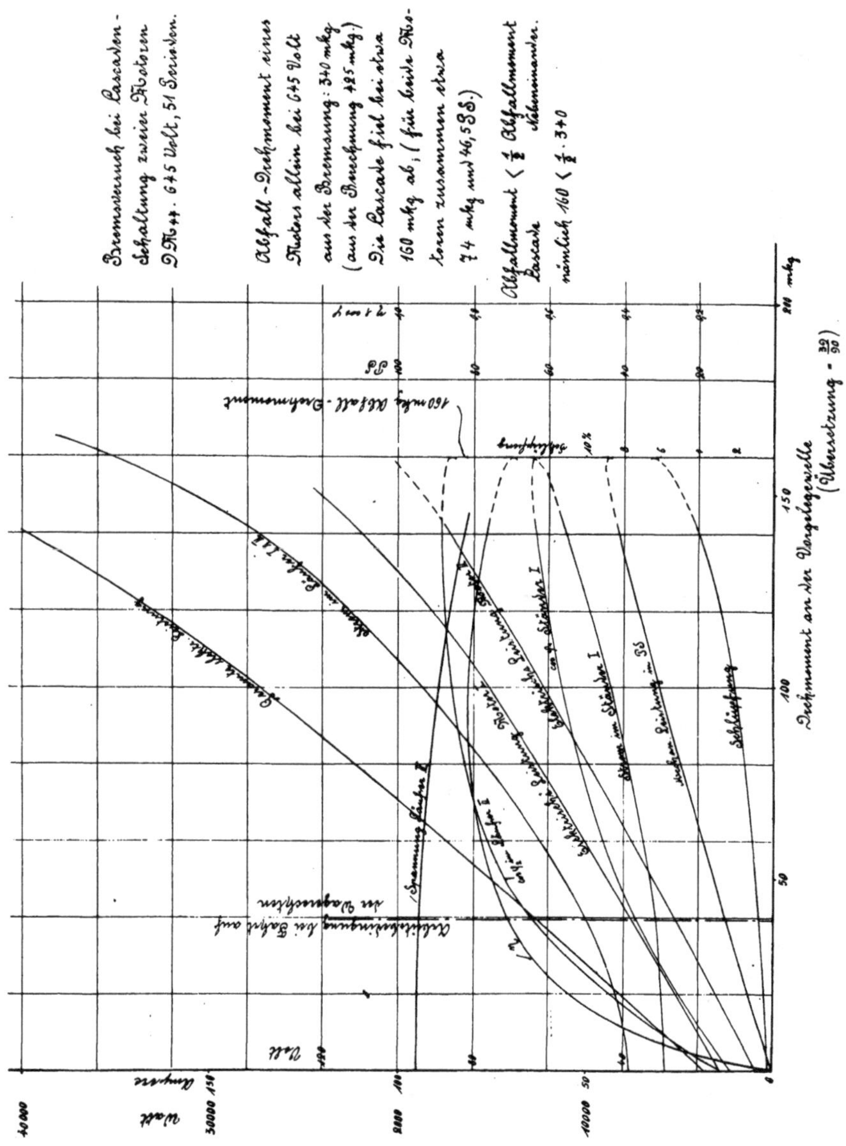
Bremsversuch bei Cascaden-Schaltung zweier Motoren D M 4. 645 Volt, 51 Perioden.
Abfall-Drehmoment eines Motors allein bei 645 Volt aus der Bremsung: 340 mkg (aus der Berechnung 425 mkg.)
Die Cascade fiel bei etwa 160 mkg ab; (für beide Motoren zusammen etwa 74 mkg und 46,5 PS.)
Abfallmoment Cascade < 1/2 Abfallmoment Nebeneinander.
nämlich 160 < 1/2 · 340
160 mkg Abfall-Drehmoment
Drehmoment an der Vorgelegewelle (Übersetzung = 32/90)
Schlüpfung
Watt
Ampere
Volt
mkg
PS

Fig. 9.

Schaulinien von Messungen bei Kaskadenschaltung zweier Motoren DM 44; Gewicht 1250 kg.

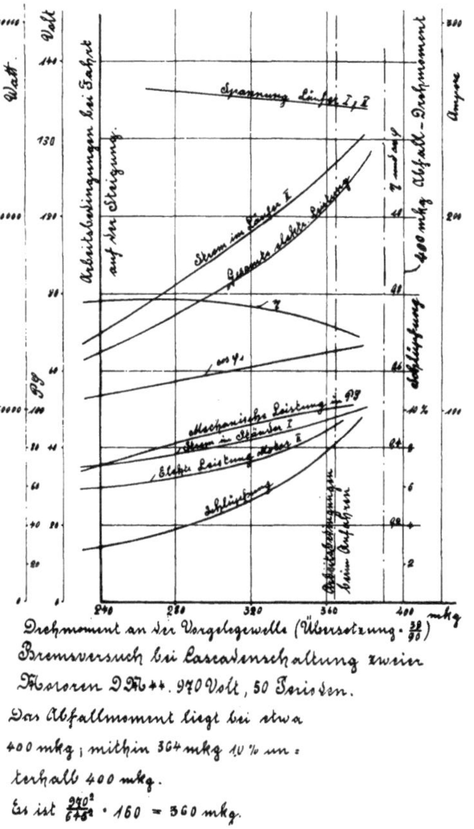

Fig. 10.

Die Tabelle gibt gute Übereinstimmung zwischen den Werten der Berechnung und der Bremsung.

Die Wattverluste im Motor I, welche gegenüber denen der Rechnung wesentlich höher sind, rühren davon her, daſs der Motor I sich bei der Bremsung stark erwärmte und daher die Widerstände statt 0,22 und 0,019 höhere, nämlich etwa 0,27 und 0,038 waren. Letzterer Widerstand ist durch den Widerstand der Verbindungs- und Meſsleitungen und durch die Klemmenverbindungen zu der angegebenen Höhe angewachsen. Daſs die Widerstände höhere waren, erklärt auch die gröſsere Schlüpfung von 8,2 % und den schlechteren Wirkungsgrad von 0,715 : 0,94 = 0,76. Die Verluste im Motor I stellen sich auf Eisenverluste 3200, Reibungsverluste 800, Kupferverluste primär 7500 und sekundär 6000, zusammen 17.500.

Die für die Fahrt auf der Steigung berechneten Werte stimmen mit den durch Bremsung gefundenen ebenfalls ziemlich überein, nämlich 2 · 53,4 mkg, 2 · 36 PS. bei 483 Umdrehungen, 970 Volt, 71,0 Amp, $\cos \varphi = 0{,}55$, $\eta = 0{,}81$ gegenüber 970 Volt, 71 Amp, $\frac{70}{0{,}94} = 74{,}5$ PS. $\cos \varphi = 0{,}54$, $\eta = \frac{0{,}78}{0{,}94} = 0{,}83$, $M = \frac{240}{0{,}94} \cdot \frac{39}{90} = 110$ mkg bei 486 Umdrehungen.

Würde die Motorgruppe zur Fahrt auf der Wagerechten mit Kaskadenschaltung bei 650 Volt für längere Zeit benutzt werden sollen, so würde dabei sein (entsprechend $2 \cdot 9{,}1 \cdot \frac{90}{39} \cdot 0{,}04 \cong 39{,}5$ mkg) der $\cos \varphi = 0{,}37$, der Wirkungsgrad 0,71. Die Kaskadenschaltung eignet sich demnach nicht besonders für längere Fahrten mit kleiner Belastung.

Anhang IV.

Aufstellung der Anfahrlinien.

Die genaue Aufstellung der Anfahrlinien wird mit Hilfe genauer Berechnungen im Folgenden vorgenommen. Die Abscissen sind die Zeiten in Sekunden, die Ordinaten die Geschwindigkeiten in m-Sek., die Ströme sind in Ampere, die Verluste in Watt angegeben. Stationsentfernung = 500 m.

I. Anfahrlinien für Gleichstrom-Ausrüstung.

a) Wagerechte mit Hintereinander- und Nebeneinander-Schaltung.

(Siehe Fig. 1.)

Stationsentfernung = 500 m.

Zuggewicht (1 Motorwagen und 2 Anhänger) = 27 t; Zahnradübersetzung $\frac{1}{Z} = 1 : 5{,}1$. Mittlere Zugkraft an der Schleudergrenze $= 2 \cdot 930$[1]) = 1860 kg.

Mithin für die Beschleunigung übrigbleibende Zugkraft

$$P = 1860 - 8 \cdot 27 = 1644 \text{ kg.}$$

Motorumdrehungen $n = 568$ in der Min.

$v = 5{,}13$ m-Sek.; $V = 18{,}47$ km-Std.

1. Anfahren mit Widerstand.

Beschleunigung $g = \frac{1644}{2750}$

$$g = \sim 0{,}6 \text{ m-Sek.}$$

Beschleunigungszeit

$$t = \frac{m \cdot v}{P} = \frac{2750 \cdot 5{,}13}{1645} = \sim 8{,}6 \text{ Sek.}$$

$$\text{Weg} = \frac{v \cdot t}{2} = \frac{5{,}13 \cdot 8{,}6}{2}$$

$$s = 22 \text{ m.}$$

[1]) Vgl. Anhang V.

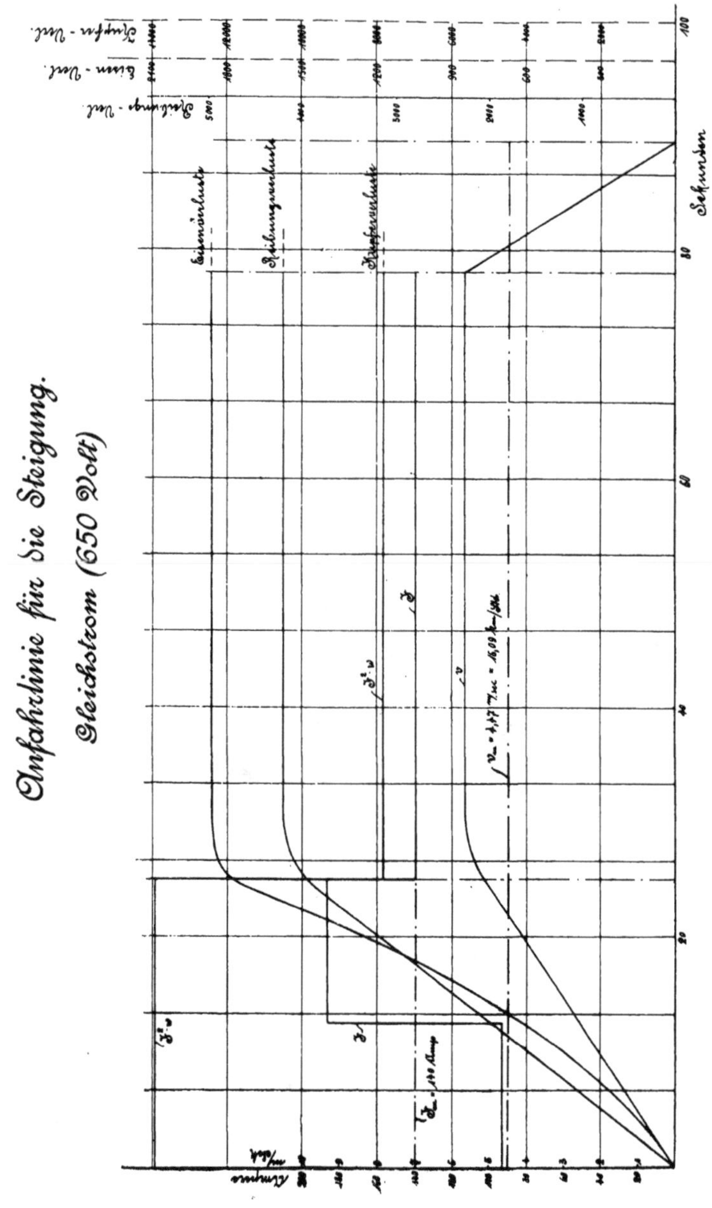
Anfahrlinie für die Steigung.
Gleichstrom (650 Volt)
Eisenverluste
Reibungsverluste
Kupferverluste
Sekunden
Ampere

Fig. 1.

2. Anfahren ohne Widerstand.

Die Zugkraft mufs sinken von 1860 auf 216 kg, das Drehmoment von ∾ 86 auf ∾ 10 mkg. Die Anfahrzeit wurde in 5 Abschnitte eingeteilt, während deren ersten 3 das Moment pro Motor um 19 mkg sinken soll, also die Zugkraft um 411, während der Zeit 4 soll die mittlere Zugkraft um 260 kg entsprechend 12 mkg und während der Zeit 5 auf 7 mkg resp. 151 kg fallen. Man erhält alsdann die für die Beschleunigung in Betracht kommende mittlere Zugkraft während

1	2	3	4	5	Zeit
1438	1027	616	356	151	P

und Momente, Ströme, Umdrehungen bezw. Geschwindigkeiten am Ende von Zeit:

1	2	3	4	5	Zeit
67	48	29	17	10	Moment
77	60	41,5	30	18	Strom
605	665	750	840	975	Umdrehungen
5,47	5,99	6,75	7,58	8,8	Geschw. in m-Sek.

Die zurückgelegten Wege sind

1	2	3	4	5	Zeit
3,6	8	21,7	46	181	m

$$\left(s = \frac{m}{2} \cdot \frac{v_2^2 - v_1^2}{P}\right)$$

Die entsprechenden Zeiten sind

1	2	3	4	5	Zeit
0,65	1,39	3,39	6,4	22,2	Sek.

$$\left[t = \frac{m}{P} \cdot (v_2 - v_1)\right]$$

Nach Verlauf von rd. 37 Sek., also noch 5,6 Sek. vor Beendigung von Zeit 5 wird abgeschaltet und auslaufen gelassen. Die Geschwindigkeit an diesem Punkte ist $v_2 = v_1 - \frac{t \cdot P}{m} = 8{,}5$ m, wenn v_1 die Geschwindigkeit am Ende von Zeit 5 und v_2 die gesuchte im Augenblick des Abschaltens ist; $v_1 = 8{,}8$ m-Sek., $t = 5{,}6$ Sek., $P = 151$ m, $m = 27\,000 \cdot \frac{1}{g}$. Der zurückgelegte Weg von Ende der Zeit 4 an = rd. 134 m. Bremsweg geschätzt = 12 m; dann ist der Gesamtweg = 22 + 3,4 + 8 + 21,59 + 45,9 + 134 + 12 = rd. 247 m. Der Rest

$= 500 - 247 = 253$ m wird mit Auslauf gefahren. Zugwiderstand inkl. Zapfenreibung $= 10$ kg-t $= 270$ kg. Die Geschwindigkeit sinkt dabei auf

$$v_3 = \sqrt{8{,}8^2 - \frac{270 \cdot 253 \cdot 2}{27000 \cdot \frac{1}{g}}}$$

$$v_3 = 5{,}28 \text{ m-Sek.}$$

Die Zeit wird $t = \frac{253}{6{,}9} = \text{rd. } 36$ Sek.,

die Bremszeit wird $t = \frac{5{,}28}{1{,}1} = \text{rd. } 4{,}8$ Sek.,

der Bremsweg $s = \frac{5{,}28 \cdot 4{,}8}{2} = 12{,}6$ m.

Der Gesamtweg beträgt:

$$s = 22 + 3{,}4 + 8 + 21{,}6 + 46 + 133 + 253 + 12{,}6 = \text{rd. } 500 \text{ m.}$$

Die Gesamtzeit $t = 8{,}6 + 0{,}65 + 1{,}39 + 3{,}39 + 6{,}4 + 16{,}6 + 36 + 4{,}7 = 77{,}7$ Sek.

Die mittlere Geschwindigkeit $v = \frac{500}{77{,}7} = 6{,}45$ m-Sek.

$$v = 23{,}22 \text{ km-Std.}$$

Der Wattverbrauch beträgt:

$$= \frac{650 \cdot (3 \cdot 4{,}3 \cdot 93{,}5 + 0{,}65 \cdot 170{,}5 + 1{,}39 \cdot 137 + 3{,}39 \cdot 101{,}5 \cdot 6{,}4 \cdot 71{,}5 + 16{,}6 \cdot 47)}{3600}$$

$$= 557 \text{ Wattstd.}$$

$$= \text{rd. } 41{,}2 \text{ Wattstd.-tkm.}$$

b) Steigung mit Hintereinander- und Nebeneinander-Schaltung.

(Siehe Fig. 2.)

Stationsentfernung $= 400$ m.

Für die Beschleunigung übrigbleibende Zugkraft $P = 1860 - 48 \cdot 27 = \text{rd. } 560$ kg.

Beschleunigung $g = \frac{P}{m} = \frac{560}{2750}$

$$g = 0{,}2 \text{ m-Sek.}$$

Beschleunigungszeit $t = \frac{m \cdot v}{P} = \frac{2750 \cdot 5{,}13}{560}$

$$t = \text{rd. } 25 \text{ Sek.}$$

$$\text{Weg} = \frac{v \cdot t}{2} = \frac{5{,}13 \cdot 25}{2}$$

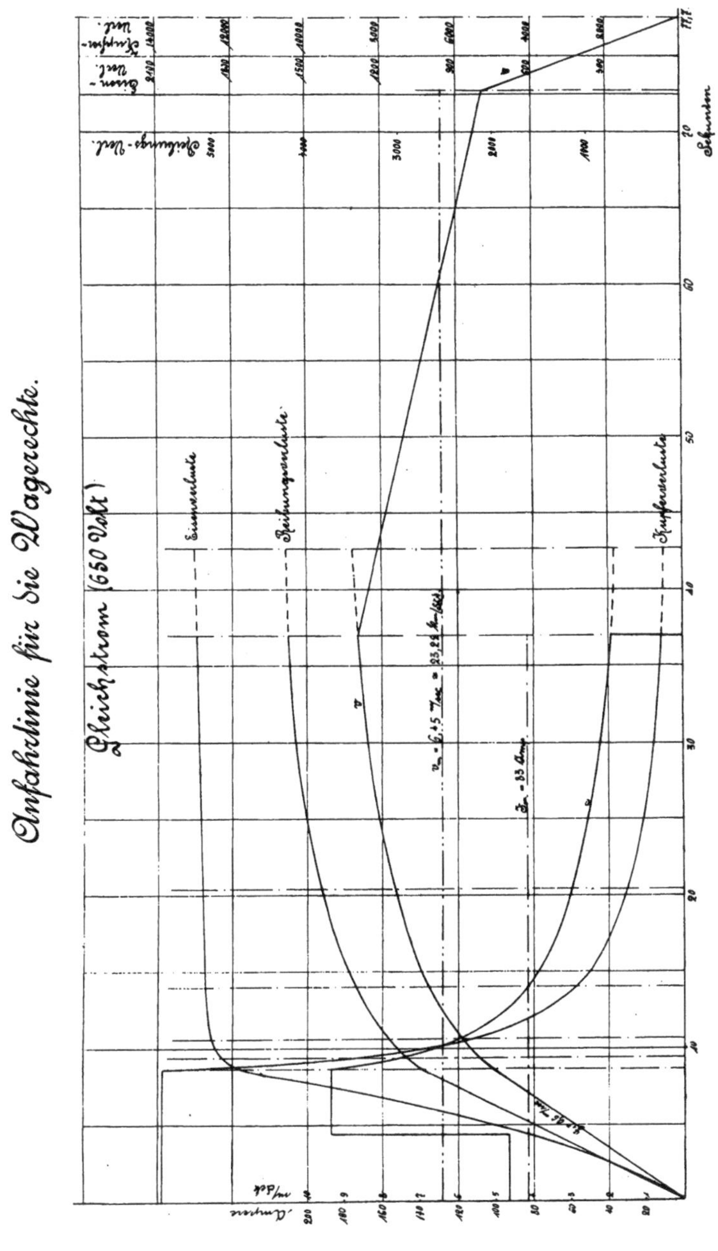
Anfahrlinie für die Wagerechte.
Gleichstrom (650 Volt)
Eisenverluste
Reibungsverluste
Kupferverluste
Sekunden

Fig. 2.

$s =$ rd. 64 m
$v = 5{,}13$ m-Sek. beim Anfahrmoment
$V = 18{,}47$ km-Std.
$v = 5{,}68$ m-Sek. bei Fahrt auf der Steigung.

Bremsung durch Auslauf.

Verzögerung $g_2 = 0{,}49$ m-Sek.

Auslaufszeit $t = \frac{5{,}68}{0{,}49} = 11{,}5$ Sek.

Auslaufsweg $s = \frac{v \cdot t}{2} = \frac{5{,}68 \cdot 11{,}5}{2}$.

$s = 32{,}7$ m

Weg mit voller Fahrt $400 - (64 + 32{,}7) = 303{,}3$ m.

Fahrzeit $t = \frac{303{,}3}{5{,}68} =$ rd. 53 Sek.

400 m in $25 + 11{,}5 + 53 =$ rd. 89,5 Sek.

Mittlere Geschwindigkeit $= \frac{400}{89{,}5} = 4{,}47$ m-Sek. $= 16{,}09$ km-Std.

Wattverbrauch $= \frac{(93{,}5 \cdot 12{,}5 \cdot 3 + 2 \cdot 70 \cdot 53) \cdot 650}{3600} = 1972$ Wattstd.

$= \frac{1972}{27 \cdot 0{,}4} = 182$ Wattstd.-tkm.

II. Anfahrlinien für Drehstrom-Ausrüstung.

(Siehe Fig. 3.)

a) Wagerechte mit Kaskaden- und Nebeneinander-Schaltung.

Die Anfahrlinien für Drehstrom sind zwecks Vergleichung mit denen für Gleichstrom für gleichen Fahrplan aufgestellt, so daſs von den Zügen die gleichen Wege in gleichen Zeiten zurückgelegt werden. (Siehe Anhang IV Fig. 5 und 6.) Aus dem Grunde wird auf der Steigung längere Zeit mit Kaskadenschaltung gefahren, da andernfalls die Geschwindigkeit sowie der Wattverbrauch ein zu groſser wird.

Mittlere Zugkraft an der Schleudergrenze[1]) $P = 1004$ kg; Zahnradübersetzung $\frac{1}{Z} = 1 : 5{,}8$.

Motorumdrehungen $n = 995$ auf der Wagerechten
$= 955$ beim Anfahren.
$v = 7{,}88$ m-Sek. $= 28{,}44$ km-Std.

[1]) Vergl. Anhang V.

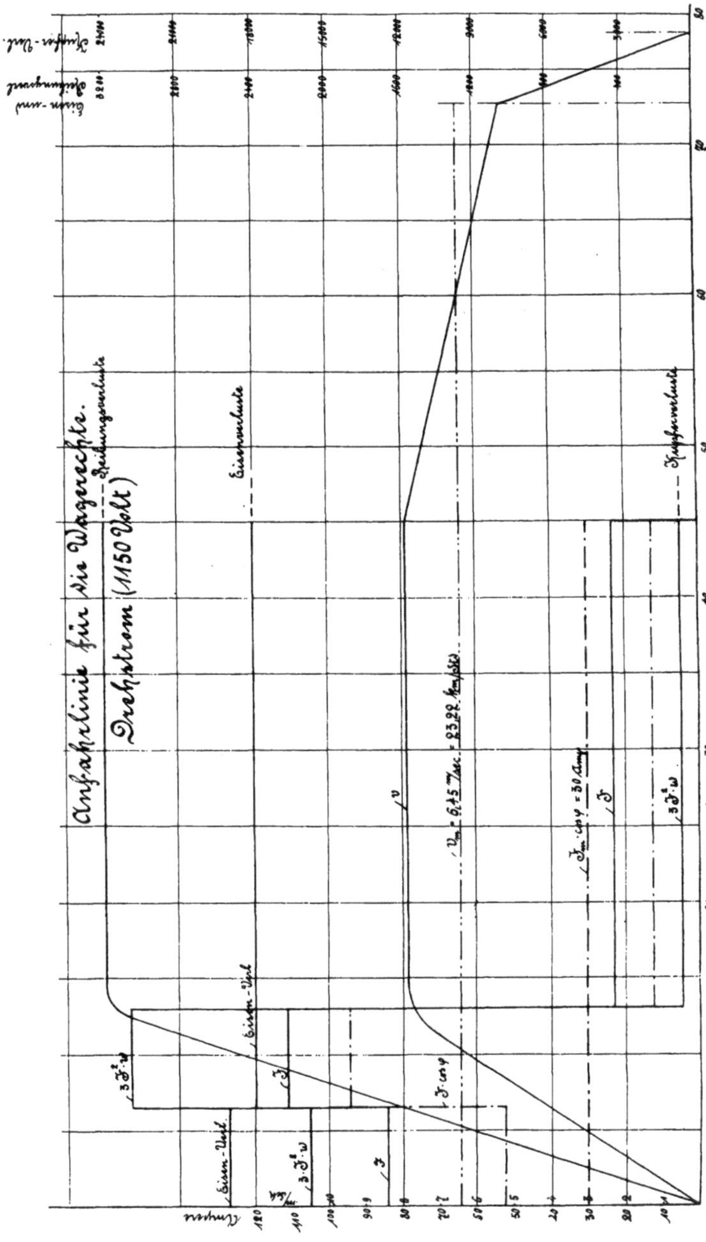
Anfahrlinie für die Wagerechte.
Drehstrom (1150 Volt)
Eisenverluste
Kupferverluste
Ampere

Fig. 3.

Die für die Beschleunigung in Betracht kommende Zngkraft ist

$$P = 2 \cdot 1004 - 8 \cdot 28 = 1784 \text{ kg.}$$

$$\text{Beschleunigung} = \frac{1784}{2854} = 0{,}625 \text{ m-Sek.}$$

$$\text{Beschleunigungszeit } t = \frac{m \cdot v}{P} = \frac{2854 \cdot 7{,}88}{1784}.$$

$$t = \text{rd. } 13 \text{ Sek.}$$

$$\text{Weg} = \frac{v \cdot t}{2} = \frac{7{,}88 \cdot 13}{2} = \text{rd. } 50 \text{ m.}$$

Während einer Zeit von 32 Sek. wird mit Strom gefahren; der Weg ist 32 · 7,88 = rd. 253 m. Alsdann wird abgeschaltet und 28 Sek. mit Auslauf gefahren. Die durch die Eigenreibung und Bahnwiderstand (10 kg-Tonne) hervorgebrechte Verzögerung beträgt

$$g = \frac{P}{m} = \frac{280}{2854} = 0{,}095 \text{ m-Sek.}$$

Am Ende der Auslaufszeit beträgt daher die Geschwindigkeit 7,88 — 28 · 0,095 = rd. 5,28 m-Sek. Nunmehr wird mit 1,1 m Verzögerung gebremst.

Bremszeit t = 4,8 Sek.

Bremsweg s = rd. 12,6 m.

Der Auslaufweg beträgt $s = \frac{V_2 - V_1}{2} \cdot t = 184{,}5$ m, also der Gesamtweg $s = 50 + 253 + 184{,}5 + 12{,}6 =$ rd. 500 m; die Gesamtzeit $t = 13 + 32 + 28 + 4{,}8 = 77{,}8$ Sek.; endlich die mittlere Geschwindigkeit 400 : 77,8 = v = rd. 6,45 m-Sek. = 23,22 km-Std.

Der Wattverbrauch beträgt für die Wagerechte

$$\frac{6{,}5 \cdot 83{,}8 \cdot 1150 \cdot 0{,}60 \cdot \sqrt{3} + 6{,}5 \cdot 111{,}6 \cdot 1150 \cdot 0{,}845 \cdot \sqrt{3} + 32 \cdot 23{,}2 \cdot 1150 \cdot 0{,}54 \cdot \sqrt{3}}{3600}$$

= 726 Wattstd.

= 51,8 Wattstd.-tkm.

Bei Anfahrt mit reiner Nebeneinanderschaltung ergibt sich der Wattverbrauch zu

$$\frac{13 \cdot 111{,}6 \cdot 1150 \cdot 0{,}845 \cdot \sqrt{3} + 32 \cdot 23{,}2 \cdot 1150 \cdot 0{,}45 \cdot \sqrt{3}}{3600}$$

= 897 Wattstd.

= rd. 64 Wattstd.-tkm.

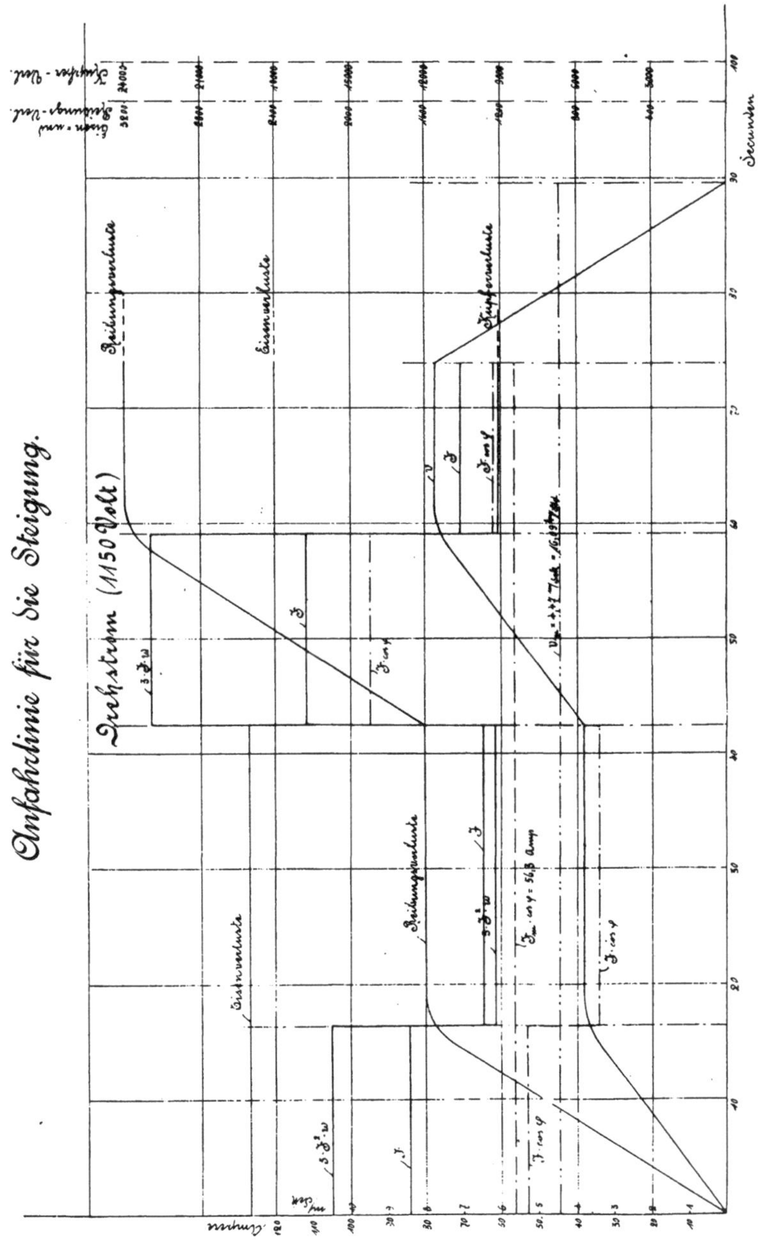
Anfahrlinie für die Steigung.
Drehstrom (1150 Volt)
Reibungsverluste
Eisenverluste
Kupferverluste
Secunden

Fig. 4.

b) Steigung mit Kaskaden- und Nebeneinander-Schaltung.

(Siehe Fig. 4.)

Stationsentfernung 400 m, $G = 28\,000$ kg, Zugkraft = 2008 kg. Für die Beschleunigung übrigbleibende Zugkraft 2008 — 28 · 48 = 654 kg.

$$\text{Beschleunigung } p = \frac{654}{2850} = 0{,}23 \text{ m-Sek.}$$

Drehzahl auf der Steigung 972 in der Min. bei Nebeneinander- und 483 in der Min. bei Kaskadenschaltung.

Beschleunigungszeit bei Kaskadenschaltung

$$t = \frac{2850 \cdot 3{,}8}{654} = 16{,}4 \text{ Sek.}$$

$$\text{Beschleunigungsweg } s = \frac{v \cdot t}{2} = \frac{3{,}8 \cdot 16{,}4}{2} = 31{,}4 \text{ m.}$$

Während einer Zeit von 26 Sek. wird mit Kaskadenschaltung gefahren. Der zurückgelegte Weg ist

$$s = 26 \cdot 3{,}8 = 98{,}8 \text{ m.}$$

Nach Verlauf der Zeit von 26 Sek. wird mit Nebeneinanderschaltung gefahren.

$$\text{Beschleunigungszeit } t = \frac{7{,}72 - 3{,}8}{2{,}23} = \text{rd. } 17 \text{ Sek.}$$

Weg während der Beschleunigungsperiode

$$s = 17 \cdot 3{,}8 \cdot \frac{3{,}92 \cdot 17}{2} = 97{,}92 \text{ m.}$$

Die Bremsung soll durch Auslauf geschehen. Verzögerung $g_1 = \frac{P}{m} = \frac{1400}{2850} = 0{,}49$ m-Sek.

$$\text{Verzögerungszeit } t = \frac{7{,}72}{0{,}49} = \text{rd. } 15{,}7 \text{ Sek.}$$

$$\text{Verzögerungsweg } s = \frac{7{,}72 \cdot 15{,}7}{2} = 60{,}6 \text{ m.}$$

Der Rest des Weges 400 — (31,4 + 98,8 + 97,92 + 60,6) = 111,28 m wird mit Nebeneinanderschaltung gefahren. Die Zeit wird

$$t = \frac{111{,}28}{7{,}72} = 14{,}4 \text{ Sek.}$$

Die Gesamtzeit wird

$$t = 16{,}4 + 26 + 17 + 15{,}7 + 14{,}4$$
$$= 89{,}5 \text{ Sek.}$$

Bildlicher Vergleich der Anfahrlinien für denselben Fahrplan.

Für die Wagerechte.

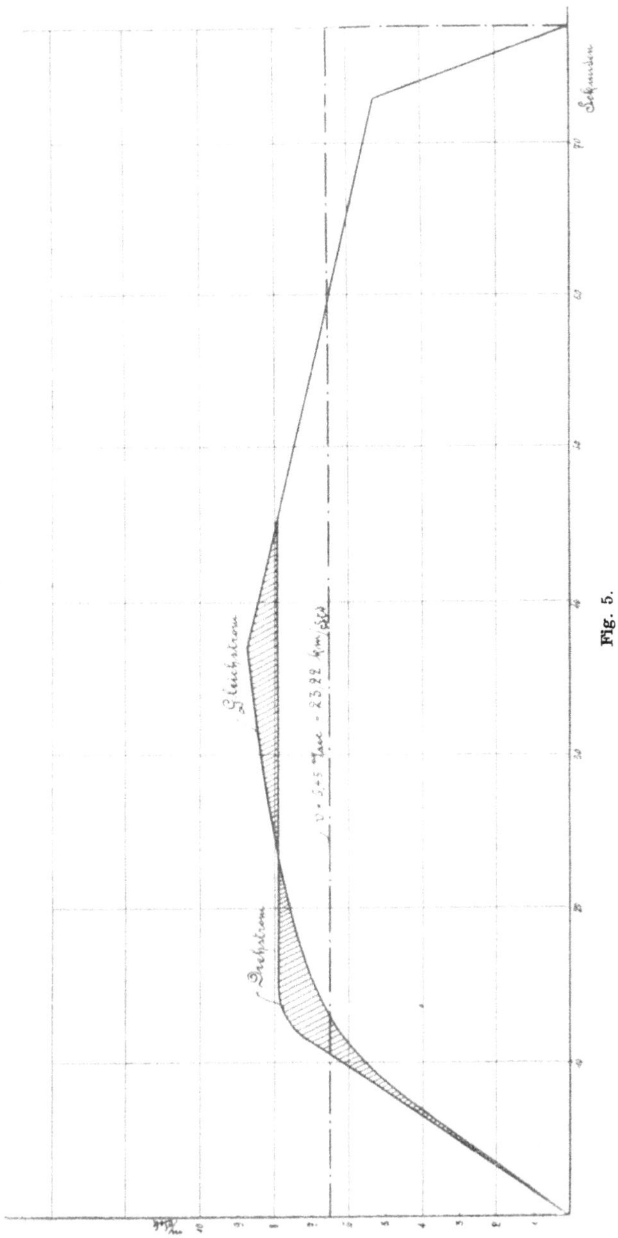

Fig. 5.

$$\text{Mittlere Geschwindigkeit} = \frac{400}{89{,}5}$$
$$= 4{,}47 \text{ m-Sek.}$$
$$= 16{,}09 \text{ km-Std.}$$

Der Wattstundenverbrauch beträgt

$$\frac{16{,}4 \cdot 83{,}8 \cdot 1150 \cdot 0{,}6 \cdot \sqrt{3} + 26 \cdot 64{,}2 \cdot 1150 \cdot 0{,}54 \sqrt{3} + 17 \cdot 111{,}6 \cdot 1150 \cdot 0{,}845 \cdot \sqrt{3} + 14{,}4 \cdot 70{,}6 \cdot 1150 . 0{,}878 \cdot \sqrt{3}}{3600}$$
$$= \sim 2267 \text{ Wattstd.}$$
$$= 202 \text{ Wattstd.-tkm.}$$

Bei der Anfahrt mit reiner Nebeneinanderschaltung steigt die Geschwindigkeit und der Wattverbrauch wie folgt:

$$\text{Anfahrzeit } t = \frac{7{,}72}{0{,}23} = 33{,}5 \text{ Sek.}$$

$$\text{Anfahrweg } s = \frac{v \cdot t}{2} = \frac{7{,}72 \cdot 33{,}6}{2} = 130 \text{ m.}$$

Die Bremsung soll durch Auslauf geschehen.

$$\text{Verzögerung } g_1 = \frac{P}{m} = \frac{1400}{2850} = 0{,}49 \text{ m-Sek.}$$

$$\text{Verzögerungszeit } t = \frac{7{,}72}{0{,}49} = \text{rd. } 15{,}5 \text{ Sek.}$$

$$\text{Verzögerungsweg } s = \frac{7{,}72 \cdot 15{,}5}{2} = \text{rd. } 60{,}5 \text{ m.}$$

Der Rest des Weges wird mit Nebeneinanderschaltung gefahren. Die Zeit wird:

$$t = \frac{400 - 190{,}5}{7{,}72} = \text{rd. } 27 \text{ Sek.}$$

Die Gesamtzeit wird

$$t = 33{,}5 + 15{,}5 + 27 = 76 \text{ Sek.}$$

Mittlere Geschwindigkeit

$$v = \frac{400}{76} = 5{,}26 \text{ m-Sek.} = 18{,}94 \text{ km-Std.}$$

Der Wattverbrauch beträgt

$$\frac{33{,}5 \cdot 111{,}6 \cdot 1150 \cdot 0{,}845 \cdot \sqrt{3} + 27 \cdot 70{,}6 \cdot 1150 \cdot 0{,}878 \cdot \sqrt{3}}{3600}$$
$$= 2671 \text{ Wattstd.}$$
$$= 238 \text{ Wattstd.-tkm.}$$

Bildlicher Vergleich der Anfahrlinien für denselben Fahrplan.

Für die Steigung.

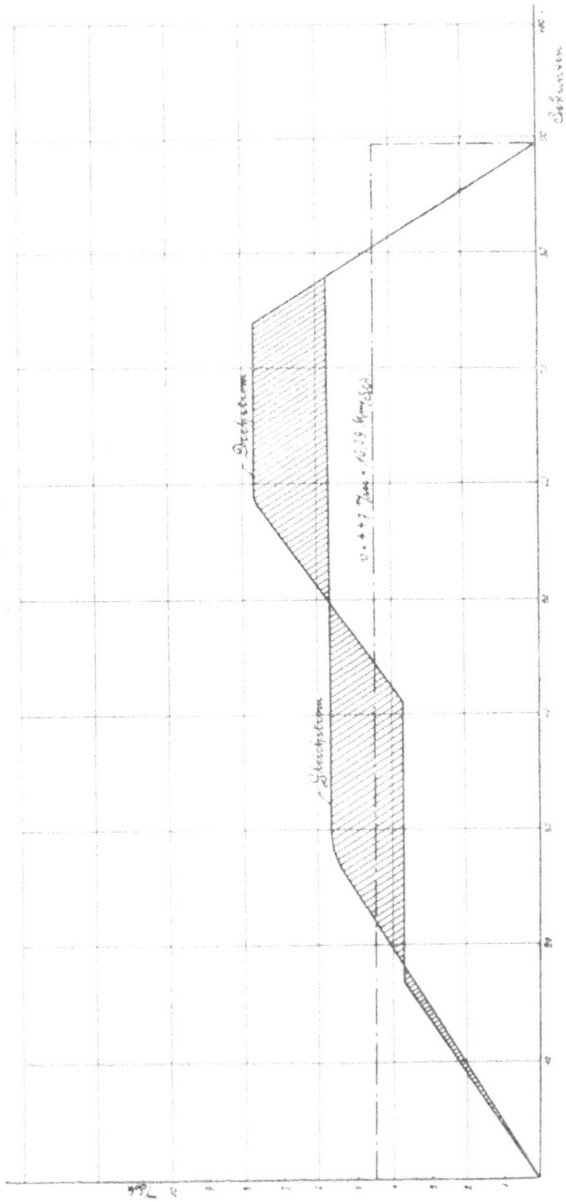

Fig. 6.

Gesamtverluste in Wattstunden im Motor beim Befahren der Wagerechten von einer Haltestelle zur andern.

	Gleichstrom	Drehstrom
Kupferverluste	51 Watt-Std.	76,5 Watt-Std.
Eisenverluste	19,7 »	30,2 »
Reibungsverluste	33,3 »	34,3 »
Gesamtverluste	∾104 »	∾141 »

Gesamtverluste in Wattstunden im Motor beim Befahren der Steigung von einer Haltestelle zur andern.

	Gleichstrom	Drehstrom
Kupferverluste	212 Watt-Std.	283,1 Watt-Std.
Eisenverluste	32,7 »	50,7 »
Reibungsverluste	75,3 »	39,2 »
Gesamtverluste	320 »	373 »

Anhang V.

Vergleichende Zusammenstellung der Beanspruchungswerte der Wagenausrüstung.

Um für beide Stromarten möglichst zutreffende Werte ermitteln zu können, mufste davon ausgegangen werden, dafs mit beiden Ausrüstungen der Fahrplan eingehalten werden kann. Aus dieser Hauptbedingung entwickeln sich die sämtlichen Einzelheiten der Beanspruchungen der Motoren etc. und die im Anhang IV aufgestellten Schaubilder. Als Unterlagen sind zu benutzen:

1. Gewichte in Tonnen.

	Gleichstrom	Drehstrom
Motorwagen einschl. elektrischer Ausrüstung	9,5	10,5
Anhängewagen	9,0	9,0
Personen einschl. etwas Überlast: 120 Personen zu je 70 kg rd.	8,5	8,5
Gesamtzuggewicht G =	27	28
Belastung jedes der beiden Radsätze der Motorwagen . . . . (Der Motorwagen sei besetzt mit 46 Personen einschl. 2 Mann Bedienung)	$\frac{9{,}5 + 46 \cdot 0{,}07}{2} = 6{,}36\ T$	$\frac{10{,}5 + 46 \cdot 0{,}07}{2} = 6{,}86\ T$
Mittlere Zugkraft beim Anfahren unter Ausnutzung der Adhäsion bis an die Schleudergrenze	$0{,}146 \cdot 6360 = \sim 930$ kg	$0{,}146 \cdot 6860 = \sim 1004$ kg

(Schleudern der Radsätze soll erst auftreten bei einem Reibungskoeffizienten zwischen Rad und Schiene von $0{,}18 \cong$ rd. $\frac{1}{5{,}5}$; es ist hier mit einem Reibungskoeffizienten von $0{,}146 \cong \frac{1}{7}$ gerechnet.)

2. Kraftbedarf für den Motor.

		Gleich-strom	Dreh-strom
Drehmoment M in kgm an der Motorachse gemessen	a) Wagerechte	10,28	9,1
	b) Steigung .	60	54,3
Leistung A in PS	a) Wagerechte	14	12,63
	b) Steigung .	52,7	73,95

Zahl der Motoren = 2.

Laufradhalbmesser $r = 0{,}44$ m.

Übersetzung der Zahnräder $\frac{1}{Z} = \frac{1}{5{,}1}$; $\frac{1}{Z} = \frac{1}{5{,}8}$.

Wirkungsggrad der Zahnräder $y = 0{,}94\,\%$.

Zugwiderstand am Umfang der Radsätze, entstehend aus der rollenden Reibung auf den Schienen und der gleitenden Reibung der Achszapfen, wird auf der Wagerechten mit $p = 8\,‰$ angenommen (mit Rücksicht auf unreine Schienen). Mehrbetrag für Zugwiderstand auf der Steigung $q = 40\,‰$ am Laufradumfang gemessen.

Aus vorstehenden Angaben, aus den Berechnungen sowie Schaubildern entwickelt sich die nachfolgende Zusammenstellung der Beanspruchungen, Leistungen, des Kraftverbrauchs etc. Letzterer ist für die Drehstromausrüstung gröſser als für die Gleichstromausrüstung, desgleichen die Verluste.

Die spezifische Belastung, in Wärme umgesetzte Watt für den qdm Oberfläche, müſste für die Drehstrommotoren kleiner sein als für die Gleichstromausrüstung, da erstere mit höherer Spannung zu arbeiten haben (1150—1700 Volt) und leichter zum Durchschlagen neigen, also weniger erwärmt werden dürfen. Die Gleichstrommotoren lassen sich überdies noch wesentlich im Wirkungsgrad verbessern, wenn anstatt der zum Befestigen der Wickelung dienenden gewöhnlichen Bandagen Holzkeile verwendet werden. Durch die Bandagen wird der Luftspalt vergröſsert und werden starke Wirbelstromverluste verursacht. Die spezifische Belastung wird durch Anwendung dieser Mittel wesentlich herabgesetzt (vergl. diesbezügliche Angaben am Schluſse der Berechnung, Anhang II).

Wagen ausgerüstet f. Gleichstrom 650 Volt	Wagen ausgerüstet für Drehstrom 1150 Volt	
60 mkg (60)	54,3 mkg	Drehmoment auf der Steigung $M = \frac{G \cdot (q + p) \cdot r}{2 \cdot y \cdot z}$ (halbe Fahrt)
10,28 mkg 10,28	9,1 mkg	Drehmoment auf der Wagerechten $M = \frac{G \cdot p \cdot r}{2 \cdot y \cdot z}$ (halbe Fahrt)

Wagen ausgerüstet f. Gleichstrom 650 Volt	Wagen ausgerüstet für Drehstrom 1150 Volt	
$\frac{930 \cdot 0{,}44}{5{,}1 \cdot 0{,}94}$ = 85,5 mkg	$\frac{1004 \cdot 0{,}44}{5{,}8 \cdot 0{,}94}$ = 81 mkg	Mittleres Drehmoment des Motors beim Anfahren an der Schleudergrenze; Reibungskoëffizient = 0,146
93,5 (6)	55,8 (6,6)	Auftretender mittlerer Anfahrstrom und spezifische Drahtbelastung an der Schleudergrenze
20,45 (10,25) (630) (315)	27,79 (13,68) (972) (483)	Maximalgeschwindigkeit in km-Std. auf der Steigung (Motorumdrehungen in der Minute) (halbe Fahrt)
30,96 (1020)	28,4 (995)	desgleichen auf der Wagerechten
52,7 PS	73,95 PS	Leistungen auf der Steigung $A = \frac{M \cdot n}{716{,}2}$
14	12,63	desgleichen auf der Wagerechten
2 · 70 (70)	2 · 35,3 (64,2)	Strom auf der Steigung in den Zuleitungen (halbe Fahrt)
2 · 21	2 · 11,6	desgleichen auf der Wagerechten
1972	2267	Gesamtwattverbrauch auf der Steigung von einer Haltestelle zur andern
557	726	desgleichen auf der Wagerechten
182	202	Wattverbrauch für den Tonnenkilometer auf der Steigung
41,2	51,8	desgleichen auf der Wagerechten
320	373	Gesamtverluste im Motor in Wattstunden beim Befahren der Steigung von einer Haltestelle zur andern
104	141	desgleichen auf der Wagerechten
1,47	1,57	Wattstundenverluste im Motor auf der Steigung. (Bezogen auf 1 qdm der Motoroberfläche)
0,48	0,59	desgleichen auf der Wagerechten
16,09	16,09	Mittlere Fahrgeschwindigkeit auf der Steigung in km-Std.
23,22	23,22	desgleichen auf der Wagerechten
2 mm	1,5 mm	Luftraum zwischen dem festen und umlaufenden Teil des Motors. (Für Lagerabnutzg. mafsgebend)
Für Normal- u. Schmalspur von 1 m	Nur für Normalspur	Verwendbarkeit der Mortoren
rd. 25 Sek.	rd. 33,4 Sek.	Zeitdauer der Einschaltung der Widerstände beim Anfahren auf der Steigung
rd. 8,6 Sek.	rd. 13 Sek.	desgleichen auf der Wagerechten

Anhang VI.

Ermittelung eines Verhältnisses der anzuwendenden Spannungen bei Gleichstrom und Drehstrom.

(Schaubilder siehe Fig. 1 u. 2.)

Erfahrungsgemäſs sind die Spannungsverluste in den Leitungsanlagen von der beim Anfahren aufzuwendenden Energie wesentlich abhängig, und namentlich bei Drehstrombetrieb ist darauf besonders Rücksicht zu nehmen, da das Drehmoment des Motors vom Spannungsverlust wesentlich beeinfluſst wird.

Es seien nun A_d, E_d, J_d, w_d und l_d die Gröſsen bei Drehstrombetrieb und A_g, E_g, J_g, w_g und l_g diejenigen bei Gleichstrombetrieb; werden für beide Stromarten gleiche Leitungsquerschnitte und 10% Spannungsverlust vorausgesetzt, so sind die Anfahrleistungen bei Drehstrom:

$$A_d = E_d \cdot J_d \cdot \cos\varphi \cdot \eta_d \cdot \frac{\sqrt{3}}{736} \quad \ldots\ldots \quad (1)$$

bei Gleichstrom:

$$A_g = E_g \cdot J_g \cdot \eta_g \cdot \frac{1}{736} \quad \ldots\ldots \quad (2)$$

Der Spannungsverlust ist auf 10% bemessen, also ist:

$$0{,}1 \cdot E_g = J_g \cdot w_g \quad \ldots\ldots \quad (3)$$

der durch einen Zug auf einer bestimmten Strecke verursachte Spannungsverlust bei Gleichstrom und nach Fig. 1

$$0{,}1 \cdot E_d = Y \cdot \sqrt{(J_d \cdot w_d)^2 + (J_d \cdot \sim \cdot L_s \cdot l)^2} \cdot \sqrt{3} \quad \ldots \quad (4)$$

derjenige, welcher bei verkettetem Drehstrom durch einen Zug auf derselben Strecke verursacht wird. Der Buchstabe Y drückt aus, wie viel Prozent von dem Spannungsverlust $\sqrt{(J_d \cdot w_d)^2 + (J_d \cdot \sim \cdot L_s \cdot l)^2}$ in Ansatz zu bringen sind. Y ändert sich etwa zwischen 0,85 und 0,95 je nach der Gröſse C weiter unten. Je kleiner C desto gröſser Y. Den Ausdruck $\sim \cdot L_s \cdot l$ kann man auffassen als $C \cdot w_d$, worin C eine Zahlenkonstante ist, die aber immer nur für bestimmte Annahmen konstant bleibt und deren Gröſse sich aus dem Ausdruck berechnen läſst:

$$C = \frac{L_s \cdot \sim \cdot l}{w_d} = \frac{L_s \cdot \sim \cdot q}{c}.$$

Schaubild der Spannungsverluste.

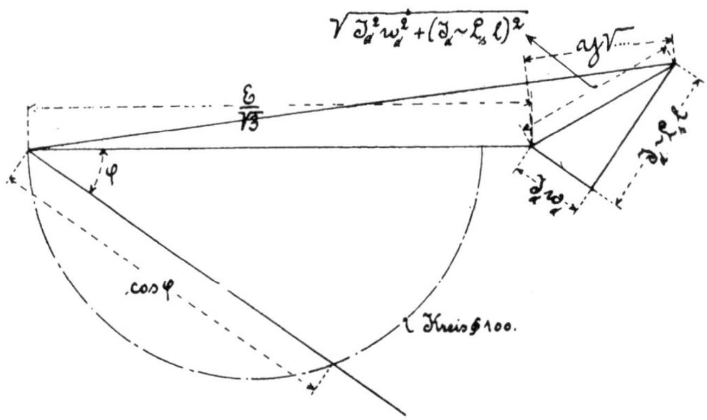

Fig. 1.

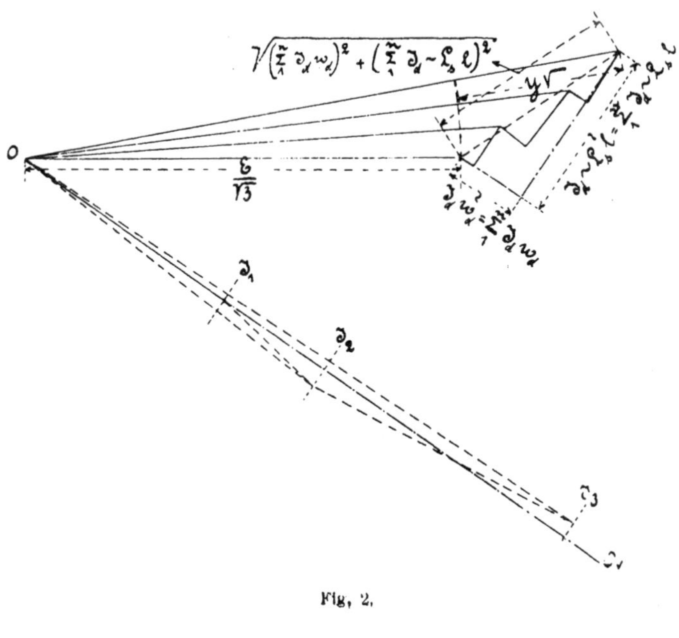

Fig. 2.

Im vorliegenden Falle wird

$$C = \frac{6,29}{1000} \cdot 50 \cdot 100 \cdot \frac{1}{0,0175 \cdot 1000} = 1,8.$$

Es wird also

$$0,1 \cdot E_d = Y \cdot J_d \cdot w_d \cdot \sqrt{1 + C^2} \cdot \sqrt{3} \quad . \quad . \quad . \quad . \quad (5)$$

Bildet man nun das Verhältnis:

$$\frac{0,1\; E_d}{0,1\; E_g} = \frac{Y \cdot J_d \cdot w_d \cdot \sqrt{1 + C^2} \cdot \sqrt{3}}{J_g \cdot w_g} \quad . \quad . \quad . \quad . \quad (6)$$

so ist hierin noch $\frac{w_d}{w_g}$ und $\frac{J_d}{J_g}$ zu bestimmen. Für gewöhnlich ist infolge Rückleitung durch die Schienen bei Gleichstrom $w_g = 0,184$ pro km und bei Drehstrom $w_d = 0,175$ pro km, so dafs $\frac{w_d}{w_g} = \frac{0,175}{0,184}$ $= 0,95$ wird.

Für J_d und J_g die Werte aus Gleichung 1 u. 2 substituiert, ergibt:

$$\frac{J_d}{J_g} = \frac{A_d \cdot E_g \cdot \eta_g}{A_g \cdot E_d \cdot \cos\varphi \cdot \eta_d \cdot \sqrt{3}} \quad . \quad . \quad . \quad . \quad . \quad . \quad (7)$$

Dies in Gleichung 6 eingesetzt, ergibt die Hauptgleichung:

$$\frac{E_d^2}{E_g^2} = \frac{A_d}{A_g} \cdot \frac{\eta_g}{\eta_d} \cdot \frac{1}{\cos\varphi \cdot \sqrt{3}} \cdot \frac{w_d}{w_g} \cdot Y \cdot \sqrt{\cdot 1 + c^2} \cdot \sqrt{3} \quad . \quad (8)$$

Die für den Spannungsverlust mafsgebende gröfste Leistung A_g ist gewöhnlich wesentlich kleiner als A_d, weil diese infolge der Eigentümlichkeit des Gleichstrommotors — bei starker Belastung die Drehzahl stark zu vermindern — nur etwa 65 % derjenigen des Drehstrommotors bei voller Last beträgt. Das Verhältnis zwischen beiden ist dadurch gegeben, dafs beide Motoren dasselbe Drehmoment am Umfange der Laufräder ausüben und den Zügen die mittlere fahrplanmäfsige Geschwindigkeit erteilen müssen; dadurch ist für beide die Zahnradübersetzung und Drehzahl festgelegt. Wenn

$$A_d = P \cdot \frac{d}{2} \cdot \frac{1}{z_d} \cdot \frac{n_d}{716,2} \text{ und}$$

$$A_g = P \cdot \frac{d}{2} \cdot \frac{1}{z_g} \cdot \frac{n_g}{716,2}$$

ist, so wird

$$Y = \frac{A_d}{A_g} = \frac{z_g}{z_d} \cdot \frac{n_d}{n_g}; \quad . \quad . \quad . \quad . \quad . \quad . \quad . \quad . \quad (9)$$

Ist z. B.:

$$\frac{n_d}{n_g} \cong 1,65 \text{ und}$$

$$\frac{z_g}{z_d} = \frac{5,1}{5,8} = 0,88,$$

so wird

$$Y = \frac{A_d}{A_g} = 1,65 \cdot 0,88 = 1,45.$$

Für

$$\frac{\eta_g}{\eta_d} = 1{,}00 \text{ und } \cos \varphi = 0{,}805$$

wird endlich

$$\frac{E_d^2}{E_g^2} = Y \cdot 1 \cdot \frac{\sqrt{3}}{0{,}805 \cdot 3} = 0{,}95 \cdot \overset{y}{\widehat{0{,}85}} \cdot \sqrt{1 + C^2}$$

oder

$$E_d = E_g \cdot \sqrt{y \cdot 1 \cdot \sqrt{1 + C^2}} \quad . \; . \; . \; . \; . \; . \quad (10)$$

z. B. im vorliegenden Falle

$$E_d = E_g \cdot \sqrt{1{,}45 \cdot \sqrt{1 + 1{,}8^2}} \cong 650 \cdot \sqrt{2{,}99}$$
$$= \text{rd. } 1125 \text{ Volt (gewählt } 1150).$$

Was nun für den Einzelfall gültig ist, kann auch für gröfsere Netze angenommen werden. Doch wird dann der Wert $\frac{A_d}{A_g}$ kleiner, da für gewöhnlich nur eine bestimmte Anzahl Wagen anfahren, während die übrigen entweder in Bewegung begriffen sind oder überhaupt keinen Strom in dem betrachteten Augenblick entnehmen. Es treten aber auch im regelmäfsigen Betriebe Fälle ein, dafs eine gröfsere Anzahl Wagen gleichzeitig auf einer und derselben Teilstrecke, die an den Speisepunkten angehängt ist, anfahren; man wird daher gut tun, nicht unter ein Verhältnis

$$y = \frac{A_d}{A_g} \cong 1{,}25$$

zu gehen.

Die übrigen Ausdrücke aber können annähernd beibehalten werden und als Äquivalent für die eigentlichen richtigen angesehen werden. (Fig. 2.)

Für ganze Netze tritt nämlich an Stelle von $J_g \cdot w_g$ die Summe $J_g \cdot w_g$ und für Drehstrom an Stelle der

$$Y \cdot \sqrt{(J_d \cdot w_d)^2 + (J_d \cdot \sim \cdot L_d \cdot l)^2}$$

ein anderer Andruck, nämlich

$$Y \cdot \sqrt{(\sum J_d \cdot w_d)^2 + (\sum J_d \cdot \sim \cdot L_s \cdot l)^2}$$

und zwar unter der Voraussetzung, dafs die einzelnen Verluste ohne weiteres sich addieren lassen. (Fig. 2.)

Dies würde etwa zutreffen, wenn der bald bessere, bald schlechtere Kosinus die Stromsumme so beeinflufst, dafs sie der Linie OA gleichgesetzt werden kann, und die Spannungsverluste so, dafs für den endlichen Spannungsverlust durch Widerstand

$$J_d \cdot w_d = \sum_1^n J_d \cdot w_d$$

und für den Spannungsverlust durch Selbstinduktion

$$J_d \cdot \sim \cdot L_s \cdot l = \sum_1^n J_d \cdot \sim \cdot L_s \cdot l$$

gesetzt werden kann.

Anhang VII.

Ermittelungen über die Beanspruchung der Leitungsanlage.

Die Untersuchung der Leitungsanlage erstreckt sich auf die Feststellung der Spannungsverluste und die der Energieverluste. Letztere geschieht zum Zwecke der Ermittelung der Wirtschaftlichkeit und erfolgt gewöhnlich erst, nachdem an der Hand der Feststellung der Spannungsverluste vorläufig die Speisepunkte verteilt und die Streckenlängen ermittelt sind. Bedingung ist jedenfalls, daſs die Leitung auch der gröſsten Energieentnahme genügen muſs. Für den vorliegenden Fall mögen folgende Annahmen gelten:

Die Ausrüstung der Strecke für Gleichstrom besteht in je einer Fahrleitung von 65 qmm Querschnitt über jedem Strang der zweigleisigen Strecke; beide Fahrleitungen sind miteinander verbunden. Jede der vier Schienen hat einen Querschnitt von 4200 qmm, zusammen also 16 800 qmm. Alle vier Schienen sind öfter durch Querverbindungen aus Kupferdraht untereinander und an jedem Stoſs durch Längsverbindungen verbunden. Für Drehstrom sind je zwei Fahrleitungen oben und eine dritte unten neben den Schienen als Zusatzleitung für diese verlegt; die Querschnitte sind dieselben. Die Zugehörigen Fahrleitungen sind miteinander verbunden, ebenso die Schienen. Am Speisepunkt sind 725 Volt für Gleichstrom und 1278 Volt für Drehstrom verfügbar.

Die zu befahrende zweigleisige Strecke selbst sei 2,5 km lang, die ganze Strecke 2,6 km; zwischen km 2,5 und 2,6 liegen Verschiebegleise, die mit Hintereinanderschaltung bezw. Kaskadenschaltung befahren werden. Der Speisepunkt liege bei km 0,0. Von da nach der anderen Seite lade die Strecke mit einer anderen Länge aus, auf welcher zuletzt mit halber Geschwindigkeit gefahren wird. Es genügt, die eine Seite zu untersuchen, da die andere nur Wiederholung darstellen würde. Durch km 0,0 tritt alle 10 Min. ein Zug auf die Strecke; ebenso verläſst ein solcher alle 10 Min. die Strecke.

Der erste Zug legt die Strecke bis km 2,5 in 8,6 Min. zurück. Nach 2,7 Min., welche Zeit zum Verschieben benutzt wird, fährt der Zug wieder ab und verläſst nach 7,7 Min. bei km 0,0 die Strecke.

Die ganze Fahrt dauert mithin 19 Min. Es sind daher bei 10 Min. Betrieb stets zwei Fahrzeuge auf der Strecke. Um die Spannungsverluste feststellen zu können, die in beiden Fällen sowohl Gleichstrom wie Drehstrombetrieb 10% der Spannung am Speisepunkt nicht wesentlich übersteigen sollen, ist es zweckmäſsig, einen bildlichen Fahrplan aufzuzeichnen, um demselben die Stellungen der Züge zueinander entnehmen zu können (siehe Fig. 1). Diejenigen, welche die gröſsten Spannungsverluste zu verursachen scheinen, sind auszuwählen; die Leitungsanlage ist auf die Spannungsverluste bei den auftretenden Strömen genau zu untersuchen. Aus dem Fahrplan ergeben sich als ungünstigste Stellungen der Züge diejenigen, welche sich in einer Tabelle wie folgt zusammenstellen lassen:

Stellung	Zug	km	Schaltung	Gleichstrom
a	A	2,2	Anfahrt #	187 Ampere
	B	0,49	Fahrt #	40 »
b	A	1,75	Anfahren #	187 »
	B	1,44	Anfahren #	187 »
c	A	1,26	Fahrt #	130 »
	B	1,66	Anfahren #	187 »

Die Ströme und die Schaltung sind dem Anhang IV bezw. der Fig. 1, 2, 3, 4 zu entnehmen. Hieraus lassen sich die Verluste ohne weiteres bestimmen.

a) Berechnung des Spannungsverlustes.

1. Für Gleichstrom.

Widerstand der Oberleitung für den km $= W_o = 0{,}0175 \cdot \frac{1000}{130}$ $= 0{,}135$ Ohm.

Widerstand der Schienenrückleitung für den km $= W_s = \frac{1}{7} \cdot \frac{1000}{4 \cdot 4200} =$ rd. 0,009 Ohm, also insgesamt für den km $W_o + W_s$ $= 0{,}144$ Ohm.

In Stellung *a* befindet sich Fahrzeug *B* auf der Horizontalen bei km 0,49 in Fahrt (Stromverbrauch 40 Amp), Fahrzeug *A* fährt auf der Steigung bei km 2,2 gerade an (Stromverbrauch 187 Amp). Die Spannungsverluste sind:

Von Speisepunkt km 0,0 bis 0,49:

$$E' = J_1 \cdot W_1 = (40 + 187) \cdot 0{,}49 \cdot 0{,}144 = 16{,}02 \text{ Volt.}$$

Von km 0,49 bis 2,2:

$$E' = J_2 \cdot W_2 = 187 \cdot 1{,}71 \cdot 0{,}144 = 46{,}05 \text{ Volt.}$$

Fahrplan.

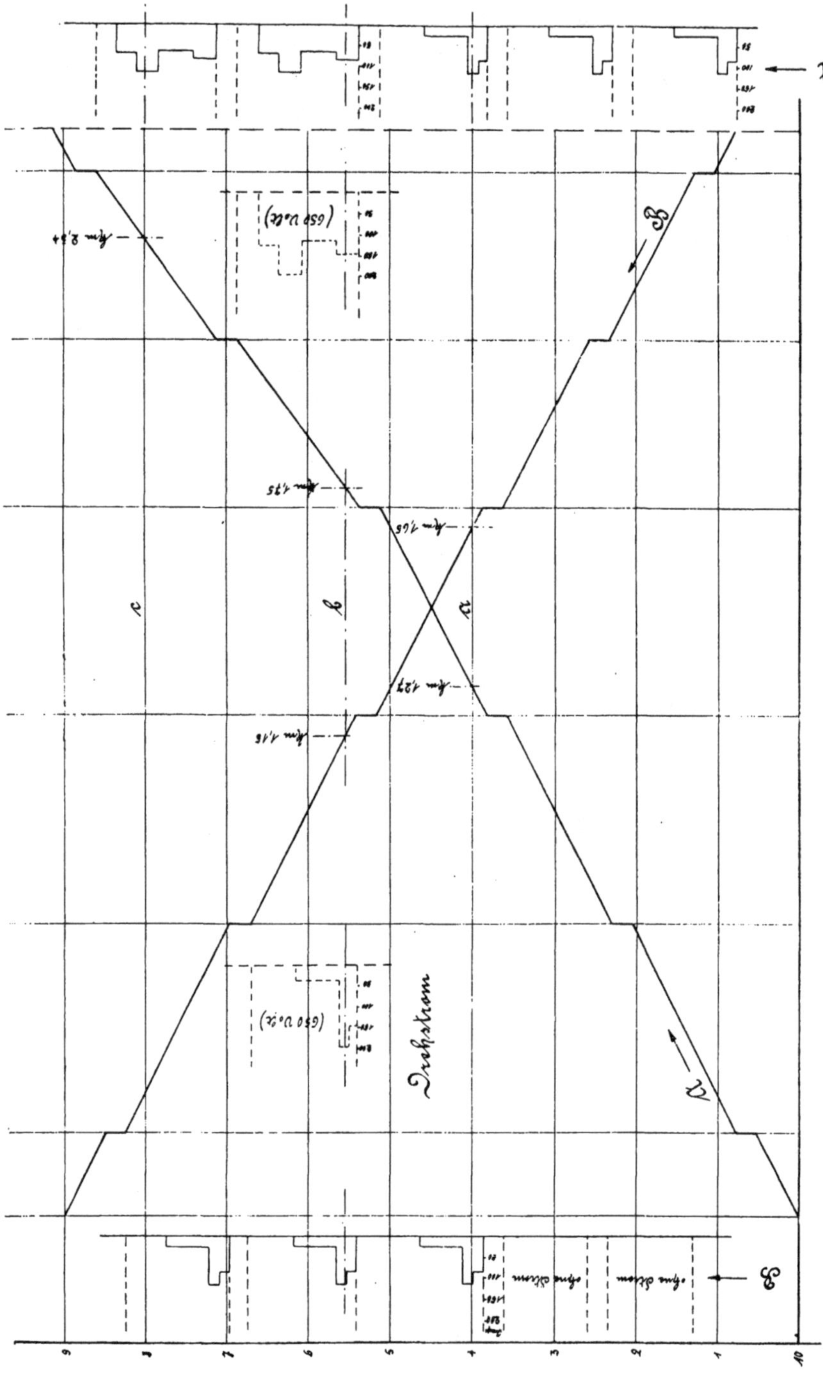

Fig. 1.

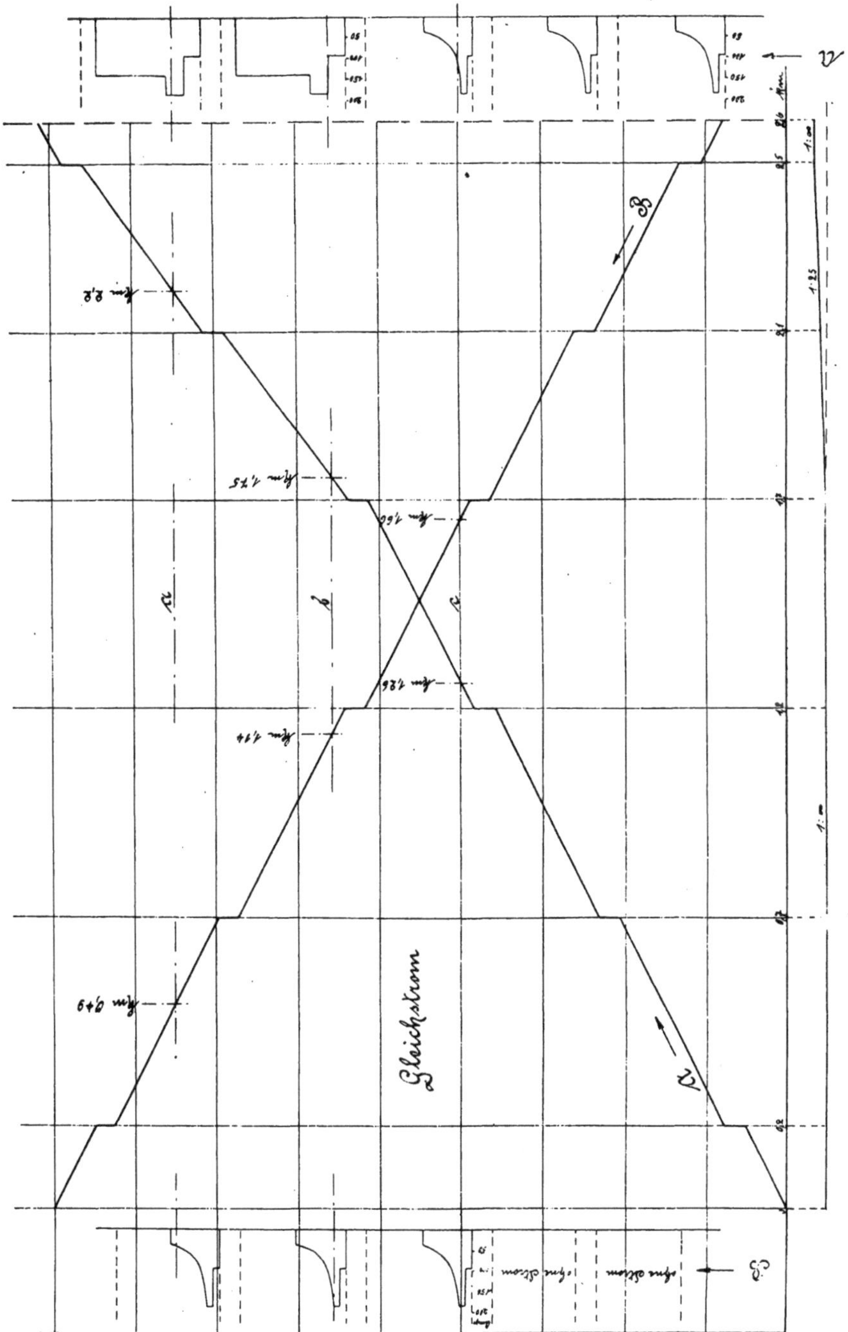

Fig. 1.

Der Gesamt-Spannungsverlust vom Speisepunkt bis km 2,2 beträgt mithin:

$$E'' = 16{,}02 + 46{,}05 = 62{,}07 \text{ Volt.}$$

In Stellung *b* befindet sich Fahrzeug *B* auf der Horizontalen bei km 1,14 im Anfahren (Stromverbrauch 187 Amp), Fahrzeug *A* auf der Steigung bei km 1,75 ebenfalls im Anfahren (Stromverbrauch 187 Amp). Die Spannungsverluste sind:

Vom Speisepunkt bis km 1,14

$$E' = J_1 \cdot W_1 = 2 \cdot 187 \cdot 1{,}14 \cdot 0{,}144 = 61{,}39 \text{ Volt.}$$

Von km 1,14 bis km 1,75

$$E' = J_2 \cdot W_2 = 187 \cdot 0{,}61 \cdot 0{,}144 = 16{,}42 \text{ Volt.}$$

Der Gesamt-Spannungsverlust beträgt mithin

$$E'' = 61{,}39 + 16{,}42 = 77{,}81 \text{ Volt.}$$

In Stellung *c* befindet sich Fahrzeug *B* auf der Wagerechten bei km 1,66 in der Anfahrt (Stromverbrauch 187 Amp); Fahrzeug *A* ebenfalls auf der Wagerechten bei km 1,26 in Fahrt (Stromverbrauch 130 Amp).

Die Spannungsverluste sind:

Von km 0,0 bis km 1,26

$$E' = J_1 \cdot W_1 = (187 + 130) \cdot 1{,}26 \cdot 0{,}144 = 57{,}52 \text{ Volt;}$$

von km 1,26 bis km 1,66

$$E_1 = J_2 \cdot W_2 = 187 \cdot 0{,}4 \cdot 0{,}144 = 10{,}77 \text{ Volt.}$$

Der Gesamt-Spannungsverlust mithin:

$$E'' = 57{,}52 + 10{,}77 = 68{,}29 \text{ Volt.}$$

Die Energieverluste sind:

für Stellung *e*:

$$\begin{aligned} &= J_1^2 \cdot W_1 + J_2^2 \cdot W_2 \\ &= 227^2 \cdot 0{,}49 \cdot 0{,}144 + 187^2 \cdot 1{,}71 \cdot 0{,}144 \\ &= 3636 + 8610 \\ &= \text{rd. } 12246 \text{ Watt;} \end{aligned}$$

für Stellung *d*:

$$\begin{aligned} &= J_1^2 \cdot W_1 + J_2^2 \cdot W_2 \\ &= 374^2 \cdot 1{,}14 \cdot 0{,}144 + 187^2 \cdot 0{,}61 \cdot 0{,}144 \\ &= 22962 + 3046 \\ &= 26008 \text{ Watt;} \end{aligned}$$

für Stellung *c*:

$$\begin{aligned} &= J_1^2 \cdot W_1 + J_2^2 \cdot W_2 \\ &= 317^2 \cdot 1{,}26 \cdot 0.144 + 187^2 \cdot 0{,}4 \cdot 0{,}144 \\ &= 18234 + 2014 \\ &= 20248 \text{ Watt.} \end{aligned}$$

2. Für Drehstrom.

Die Verluste dürfen 10 % also 0,1 · 1278 = rd. 128 Volt nicht überschreiten, da alsdann die Motoren nur noch 80 % vom Drehmoment bei voller Spannung haben; die Spannung darf also bei der gröſsten Energieentnahme an der vom Speisepunkte entferntesten Stelle nicht unter 1150 Volt fallen. Die Rechnung kann der Einfachheit halber so angestellt werden, als ob drei Leitungen in einer Ebene mit gleichen Abständen voneinander und vom Gleise über diesem aufgehängt wären. Denn bei der wirklichen Ausführung kann angenommen werden, daſs die Spannungsverluste in den eisernen Fahrschienen nicht gröſser sind als in der Fahrleitung, zumal da eine oft mit den Fahrschienen verbundene Zusatzleitung verlegt ist und die Schienen nur für ganz kurze Längen gewiſsermaſsen als Stromabnehmer dienen. Auſserdem soll zu Gunsten des Drehstromes auſser acht gelassen werden, daſs die Fahrschienen von den beiden Fahrleitungen gröſseren Abstand haben, als die beiden Fahrleitungen unter sich.

Bevor die Spannungsverluste ermittelt werden, sei nur zur Aufklärung festgestellt, welche Spannung am Speisepunkt vorhanden sein müſste, wenn die mittlere Streckenspannung 650 Volt betrüge.

1. In Stellung *b* befindet sich ein Wagen *A* auf der Steigung bekm 1,75 (Stromverbrauch ca. 148 Amp $\cos \varphi_1$ 0,6) und Wagen *B* auf der Horizontalen (Stromverbrauch 198 Amp $\cos \varphi_3 = 0{,}835$) bei km 1,15. Die Phasenspannung an der Verbrauchsstelle darf nicht weniger als

$$\frac{650}{\sqrt{3}} = \text{rd. } 375 \text{ Volt}$$

betragen.

Zunächst wird der Spannungsverlust für die Strecke von km 1,15 bis 1,75, also von 0,6 km Länge ermittelt.

Durch den Ohmschen Widerstand der Oberleitung für den km $W_0 = 0{,}135$ Ohm wird für die Strecke von km 1,15 — 1,75 der Spannungsverlust:

$$E'_0 = 148 \cdot 0{,}6 \cdot 0{,}135 = 11{,}9 \text{ Volt}$$

durch Selbstinduktion:

$$E'_s = 2 \cdot \pi \cdot \infty \cdot L_s \cdot J \cdot l = \frac{6{,}3}{1000} \cdot 148 \cdot 0{,}6 \cdot 50 = 27{,}9 \text{ Volt.}$$

(Nach Uppenborn 1901, Seite 100 ist L_s = rd. 1 Milli Henry angenommen bei einem Abstand der Fahrdrähte (bei Rollenbetrieb) von einander von 60 cm und einem Draht von 9,1 mm.)

Beide Verluste werden nach Fig. 2 zusammengesetzt und ergeben 400 Volt Phasen- und $400 \cdot \sqrt{3}$ = rd. 692 Volt verkettete Spannung bei $\cos \varphi_2 = 0{,}58$.

Spannungsverluste.

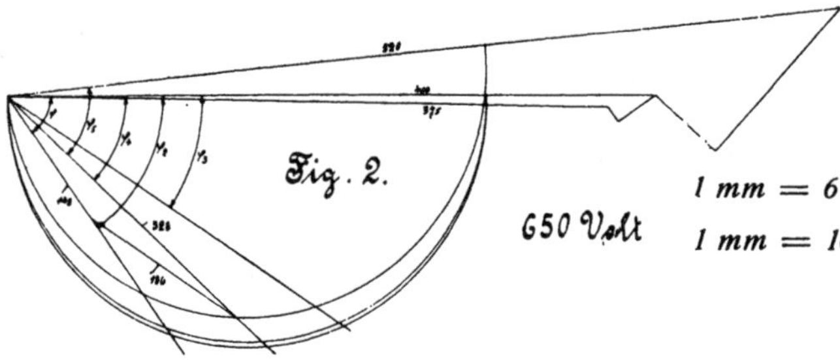

650 Volt

1 mm = 6 Volt
1 mm = 10 Ampere

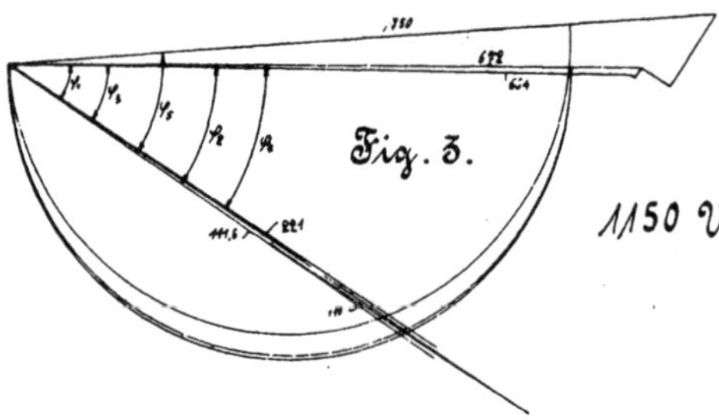

1150 Volt

1 mm = 6 Volt
1 mm = 4 Ampere

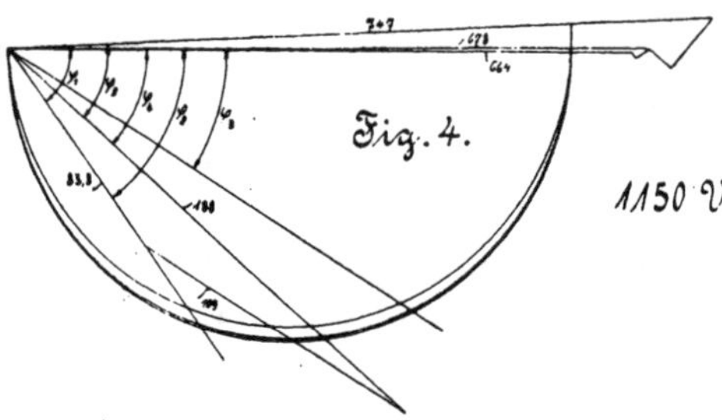

1150 Volt

1 mm = 12 Volt
1 mm = 4 Ampere

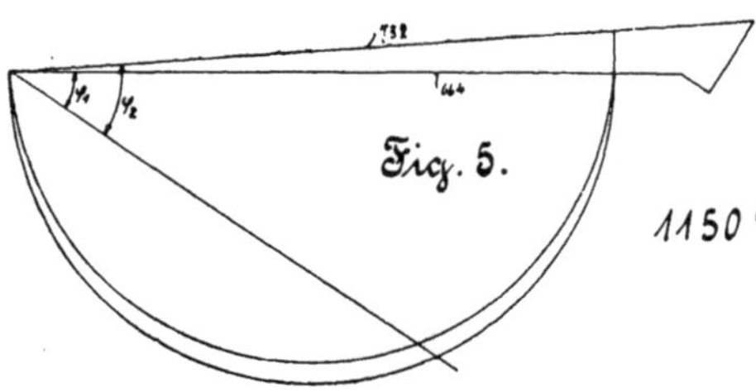

1150 Volt 1 mm = 12 Volt

Der bei km 1,15 vom Fahrzeug B verbrauchte Strom ist bei der Spannung von 692 Volt unter Voraussetzung gleichen $\cos \varphi$ und Wirkungsgrades wie bei 650 Volt zu reduzieren nach dem Verhältnis

$$\frac{650}{692}, \text{ wird also } 198 \cdot \frac{650}{692} = \text{rd. } 186 \text{ Amp.}$$

Die Zusammensetzung der Ströme von 186 Amp bei $\cos \varphi_3 = 0{,}835$ und von 148 Amp bei $\cos \varphi_2 = 0{,}58$ gibt 328 Amp bei $\cos \varphi_4 = 0{,}73$. Für diesen Strom wird der Spannungsverlust für die Strecke von km 0,0 bis km 1,15 aufgestellt, und zwar der Verlust durch Ohmschen Widerstand

$$E'_0 = 328 \cdot 1{,}15 \cdot 0{,}135 = \text{rd. } 50 \text{ Volt,}$$

derjenige durch Selbstinduktion

$$E'_s = \frac{6{,}3}{1000} \cdot 1{,}15 \cdot 328 \cdot 50 = \text{rd. } 118 \text{ Volt.}$$

Die Zusammensetzung beider Verluste mit der Phasenspannung von 400 Volt ergibt die Spannung am Speisepunkt von $520 \cdot \sqrt{3} =$ rd. 900 Volt bei einem $\cos \varphi_5$ von 0,662.

Der Gesamtverlust beträgt daher 250 Volt, also rund 28 % und man erkennt daraus, dafs die Spannungsverluste weitaus das zulässige Mafs überschreiten würden. Man mufs nun entweder die Spannung erhöhen oder an das Ende der Strecke einen zweiten Speisepunkt legen, welcher dem Fahrzeug B den Strom liefert.

Es ist aber für den Vergleich richtiger, die nach der Formel ermittelte höhere Spannung, wie bereits angegeben, von 1278 Volt anzunehmen und die Leitungsanlage auf die Gröfse der bei dieser Spannung auftretenden Spannungsverluste auszurechnen. Die ungünstigsten Stellungen sind etwas gegen diejenigen für Gleichstrom verschoben, da die Schaubilder etwas andere sind. Sie ergeben sich aus nachfolgender Zusammenstellung:

Stellung	Zug	km	Schaltung	Drehstrom
a	A	1,27	Anfahrt #	111,6 Ampere
	B	1,65	Anfahrt #	111,6 »
b	A	1,75	Anfahrt (Cask.)	83,8 »
	B	1,15	Anfahrt #	111,6 »
c	A	2,34	Anfahrt #	111,6 »

In Stellung a befindet sich Fahrzeug A bei km 1,27 auf der Horizontalen und ist im Anfahren begriffen; B befindet sich bei km 1,65 ebenfalls auf der Horizontalen in der Anfahrt. Jedes Fahrzeug verbraucht 111,6 Amp bei einem cos $\varphi_1 = 0{,}845$.

Zunächst ist für die Strecke von km 1,27 bis km 1,65, also von 0,38 km Länge der Verlust durch Ohmschen Widerstand

$$E'_0 = 111{,}6 \cdot 0{,}38 \cdot 0{,}136 = \text{rd. } 5{,}7 \text{ Volt.}$$

Durch induktiven Widerstand

$$E'_s = 2 \cdot \pi \,.\, \sim \cdot L_s \cdot J \cdot l = \frac{6{,}3}{1000} \cdot 111{,}6 \cdot 0{,}38 \cdot 50 = \text{rd. } 13 \text{ Volt.}$$

Die Verluste werden mit der Phasenspannung

$$\frac{1150}{\sqrt{3}} = 664 \text{ Volt}$$

zusammengesetzt (siehe Fig. 3); dies ergibt 672 Volt Phasen- und $672 \,.\, \sqrt{3} = 1162$ Volt verkettete Spannung bei cos $\varphi_2 = 0{,}834$. Der vom Fahrzeug A verbrauchte Strom ist bei 1162 Volt unter Voraussetzung gleichen cos φ und η wie bei 1150 Volt nach dem Verhältnis $\frac{1150}{1162}$ zu vermindern auf $\frac{1150}{1162} \cdot 111{,}6 = 110$ Amp. Die Zusammensetzung der Ströme von 110 Amp bei cos $\varphi_3 = 0{,}845$ und 111,6 Amp bei cos $\varphi_2 = 0{,}834$ ergibt 221 Amp bei cos $\varphi_4 = 0{,}84$.

Der Spannungsverlust für die Strecke von km 0,0 bis km 1,27 wird:

Ohmscher Spannungsverlust

$$E'_s = 221 \cdot 1{,}27 \cdot 0{,}135 = \text{rd. } 37 \text{ Volt}$$

Induktiver Spannungsverlust

$$E'_s = \frac{6{,}3}{1000} \cdot 221 \cdot 1{,}27 \cdot 50 = \text{rd. } 88 \text{ Volt.}$$

Aus der Zusammensetzung folgt, dafs am Speisepunkt eine Spannung von $750 \,.\, \sqrt{3} = 1297$ Volt bei einem cos φ_5 von 0,8 vorhanden sein mufs.

In Stellung b fährt der Wagen A bei km 1,75 auf der Steigung an (83,8 Amp bei cos $\varphi_1 = 0{,}6$), B fährt ebenfalls an bei km 1,15 auf der Wagerechten (111,6 Amp bei cos $\varphi_3 = 0{,}845$). Für die Strecke von km 1,15 bis km 1,75 ist der Spannungsverlust

durch Ohmschen Widerstand

$$E'_0 = 83{,}8 \cdot 0{,}6 \cdot 0{,}135 = 6{,}7 \text{ Volt,}$$

durch induktiven Widerstand

$$E'_s = \frac{6{,}3}{1000} \cdot 83{,}8 \cdot 0{,}6 \cdot 50 \cdot = 15{,}8 \text{ Ohm.}$$

Die Zusammensetzung ergibt nach Fig. 4 678 Volt Phasen- und $678 \cdot \sqrt{3} = 1173$ verkettete Spannung bei cos $\varphi_2 = 0{,}582$. Der vom

Fahrzeug B verbrauchte Strom ist wieder auf $\frac{1150}{1173} \cdot 111{,}6 = 109$ Amp zu vermindern. Die Zusammensetzung der Ströme von 109 Amp bei $\cos \varphi_3 = 0{,}845$ und 83,8 Amp bei $\cos \varphi_2 = 0{,}582$ ergibt einen Strom von 188 Amp bei $\cos \varphi_4 = 0{,}745$.

Der Spannungsverlust für die Strecke bis km 1,15 wird durch Ohmschen Widerstand

$$E_0' = 188 \cdot 1{,}15 \cdot 0{,}135 = 29 \text{ Volt}$$

durch induktiven Widerstand

$$E'_s = \frac{6{,}3}{1000} \cdot 1{,}15 \cdot 188 \cdot 50 = \text{rd. } 68 \text{ Volt.}$$

Dies ergiebt zusammengesetzt am Speisepunkte eine Spannung von $747 \cdot \sqrt{3} = 1292$ Volt bei einem $\cos \varphi$ von 0,72.

In Stellung c befindet sich A auf der Steigung beim Anfahren bei km 2,34 (111,6 Amp bei $\cos \varphi_1 = 0{,}845$) B fährt auf der Horizontalen ohne Strom.

Der Verlust wird:
durch Ohmschen Widerstand:

$$E'_0 = 111{,}6 \cdot 2{,}34 \cdot 0{,}135 = 35{,}3 \text{ Volt,}$$

durch Induktion

$$E'_s = \frac{6{,}3}{1000} \cdot 2{,}34 \cdot 111{,}6 \cdot 50 = 82{,}2 \text{ Volt.}$$

Dies ergibt zusammengesetzt (siehe Fig. 5) einen Verlust von $732 \cdot \sqrt{3} = 1266$ Volt bei einem $\cos \varphi_2$ von 0,8.

Die Energieverluste sind:
für Stellung 1:

$$\begin{aligned} &= 3\, J_1^2 \cdot w_1 + 3 \cdot J_2^2 \cdot w_2 \\ &= 3 \cdot 111{,}6^2 \cdot 0{,}38 \cdot 0{,}135 + 3 \cdot 221^2 \cdot 1{,}27 \cdot 0{,}135 \\ &= 1918 + 24\,811 \\ &= 26\,729 \text{ Watt} \end{aligned}$$

für Stellung 2:

$$\begin{aligned} &= 3 \cdot 83{,}8^2 \cdot 0{,}6 \cdot 0{,}135 + 3 \cdot 188^2 \cdot 1{,}15 \cdot 0{,}135 \\ &= 1685 + 16\,258 \\ &= 17\,943 \text{ Watt} \end{aligned}$$

für Stellung 3:

$$\begin{aligned} &= 3 \cdot 111{,}6^2 \cdot 2{,}34 \cdot 0{,}135 \\ &= 11\,658 \text{ Watt.} \end{aligned}$$

b) Berechnung der Energieverluste.

Eine Untersuchung über das Verhalten der Leitungsanlage hinsichtlich der Energieverluste bezw. Wirtschaftlichkeit des Stromsystems läfst sich genau genug am besten so anstellen, dafs man gleichmäfsige Spannung annimmt (650 bezw. 1150 Volt) und dabei einen Zug die ganze Strecke durchlaufen läfst und für jede Stellung die Energieverluste ermittelt. Denn was ein Zug macht, müssen alle anderen wiederholen. Man zeichnet zu diesem Zwecke das Schaubild der Stromquadrate eines Zuges über der Zeit zwischen zwei Haltestellen auf und bildet das mittlere Stromquadrat (s. Fig. 6 bis 11). Alsdann bildet man das Produkt Stromquadratmittel mal Zeit ($J_m^2 \cdot t$ bezw. $3\,J_m^2 \cdot t$) und multipliziert dies mit dem mittleren Widerstande der mit Strom durchfahrenen Strecke, bildet also $J_m^2 \cdot w_m \cdot t$ bezw. $3\,J_m^2 \cdot w_m \cdot t$). Genau genommen, müfste man mit dem mittleren Widerstande über dem Wege rechnen; da aber, wie die Rechnung ergibt, der dem zurückgelegten Wege im Augenblick des Abschaltens entsprechende Leitungswiderstand fast genau gleich demjenigen ist, welcher aus dem Zeitschaubild hervorgeht, so genügt es vollständig, wenn man für die Bestimmung des mittleren Widerstandes der Einfachheit halber den letzteren in Rechnung stellt. Da dies bei beiden Stromarten gemacht wird, so dürfte diese kleine Ungenauigkeit auf den Vergleich zwischen beiden Stromarten ohne Einflufs sein. Hat man nun für alle Schaubilder, Haltestelle für Haltestelle, die Verluste ermittelt und dieselben summiert, so bildet der Quotient

$$\frac{\lessgtr 3\,J_m^2 \cdot w_m \cdot t}{\lessgtr J_m^2 \cdot w_m \cdot t}$$

das Verhältnis der Verluste in den beiden Leitungsanlagen. Der Quotient

$$\frac{\lessgtr E \cdot J_m \cdot t}{\lessgtr E \cdot J_m \cdot t + \lessgtr J_m^2 \cdot w_m \cdot t} = \eta_g$$

ist das für die Wirtschaftlichkeit der Leitungsanlage in Betracht kommende Güteverhältnis bei Gleichstrom und

$$\frac{\lessgtr E \cdot (J_m \cdot \cos\varphi)\, t \cdot \sqrt{3}}{\lessgtr E \cdot (J_m \cdot \cos\varphi) \cdot t \cdot \sqrt{3} + \lessgtr 3\,J_m^2 \cdot w_m \cdot t} = \eta_d$$

dasjenige der Leitungsanlage bei Drehstrom.

Endlich stellt der Quotient:

$$\frac{\lessgtr E \cdot J_m \cdot t + \lessgtr J_m^2 \cdot w \cdot t}{\lessgtr E \cdot (J_m \cdot \cos\varphi)\, t \cdot \sqrt{3} + \lessgtr 3 \cdot J_m^2 \cdot w_m \cdot t}$$

das Verhältnis der von dem Kraftwerk für den gleichen Zweck abzugebenden Energiemengen dar.

In nachfolgender Tabelle sind sämtliche Zahlenwerte zusammengestellt und zuletzt ist die Summe zusammengezogen.

	Wegstrecke km	Energieverbrauch $E \cdot J_m \cdot t$	Energieverlust $J_m^2 \cdot w \cdot t$	$\Sigma E \cdot J_m \cdot t$ für die ganze Strecke	$\Sigma J_m^2 \cdot w_m \cdot t$ für die ganze Strecke
Hinfahrt	0,0 — 0,2	0	0	7780 Wattstunden	356 Wattstunden
	0,2 — 0,7	557	5,01		
	0,7 — 1,2	557	11,86		
	1,2 — 1,7	557	20,71		
	1,7 — 2,1	1972	120,77		
	2,1 — 2,5	1972	146,52		
Rückfahrt	2,5 — 2,1	0	0		
	2,1 — 1,7	0	0		
	1,7 — 1,2	557	24,29		
	1,2 — 0,7	557	16,22		
	0,7 — 0,2	557	9,16		
	0,2 — 0,0	494	1,46		

Es ergibt sich für das gewählte Zahlenbeispiel bei Gleichstrom:

$$\eta_g = \frac{7780 \text{ Wattst.}}{(7780 + 356) \text{ Wattst.}}$$

$$\eta_g = \sim 0{,}955.$$

Für Drehstrom.

	Wegstrecke km	Energieverbr. $E \cdot (J_m \cdot \cos\varphi) \cdot t \cdot \sqrt{3}$	Energieverlust $3 \cdot J_m^2 \cdot w_m \cdot t$	$\Sigma E \cdot (J_m \cdot \cos\varphi) \cdot t \cdot \sqrt{3}$ für die ganze Strecke	$3 J_m^2 \cdot w_m \cdot t$ für die ganze Strecke
Hinfahrt	0,0 — 0,2	0	0	9530 Wattstunden	356 Wattstunden
	0,2 — 0,7	726	5,98		
	0,7 — 1,2	726	14,56		
	1,2 — 1,7	726	24,20		
	1,7 — 2,1	2267	114,15		
	2,1 — 2,5	2267	138,67		
Rückfahrt	2,5 — 2,1	0	0		
	2,1 — 1,7	0	0		
	1,7 — 1,2	726	28,33		
	1,2 — 0,7	726	18,54		
	0,7 — 0,2	726	10,05		
	0,2 — 0,0	640	1,52		

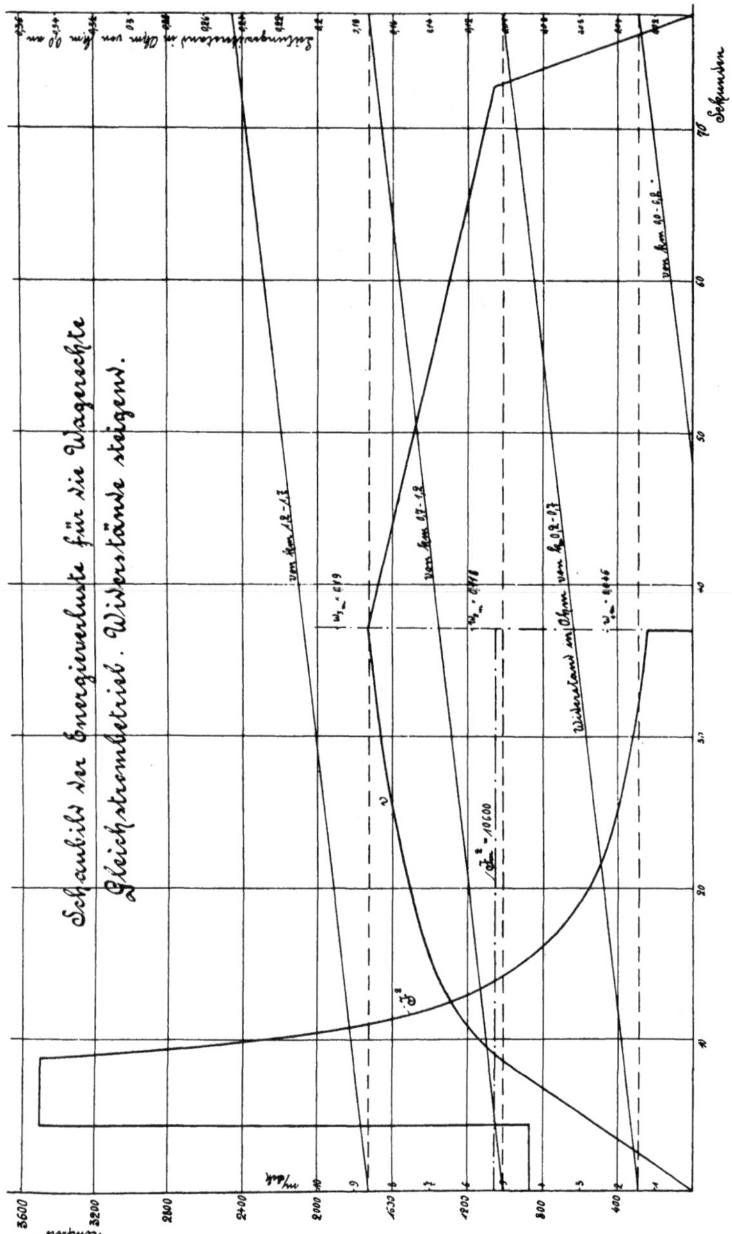
Schaubild der Energieverluste für die Wagerechte
Gleichstrombetrieb. Widerstände steigend.
Sekunden

Fig. 6.

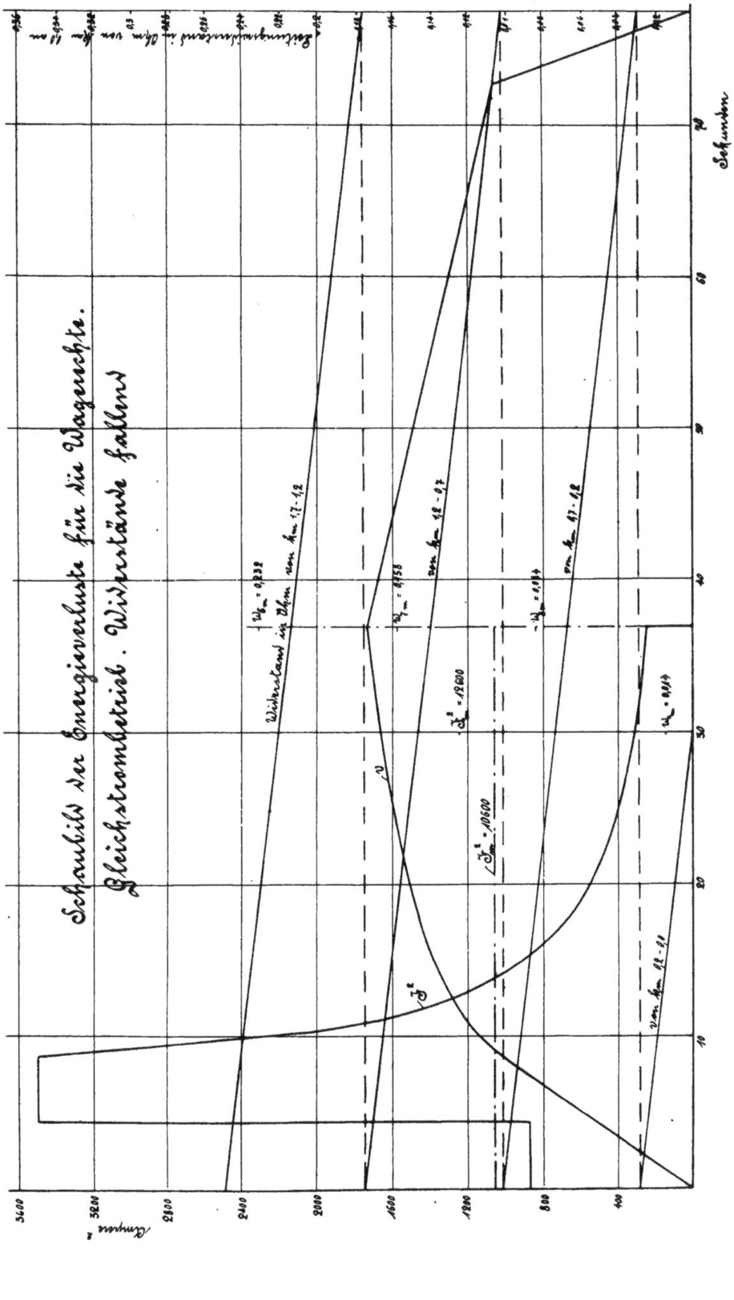

Fig. 7.

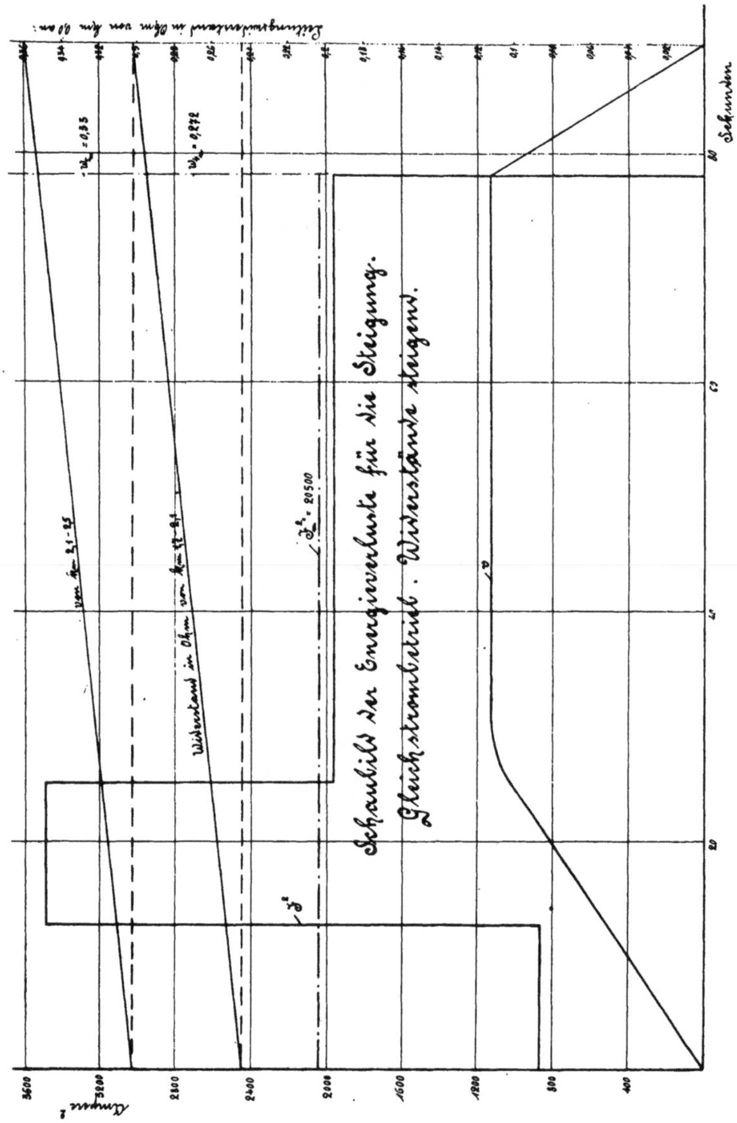
Schaubild der Energieverluste für die Steigung.
Gleichstrombetrieb. Widerstände steigend.

Fig. 8.

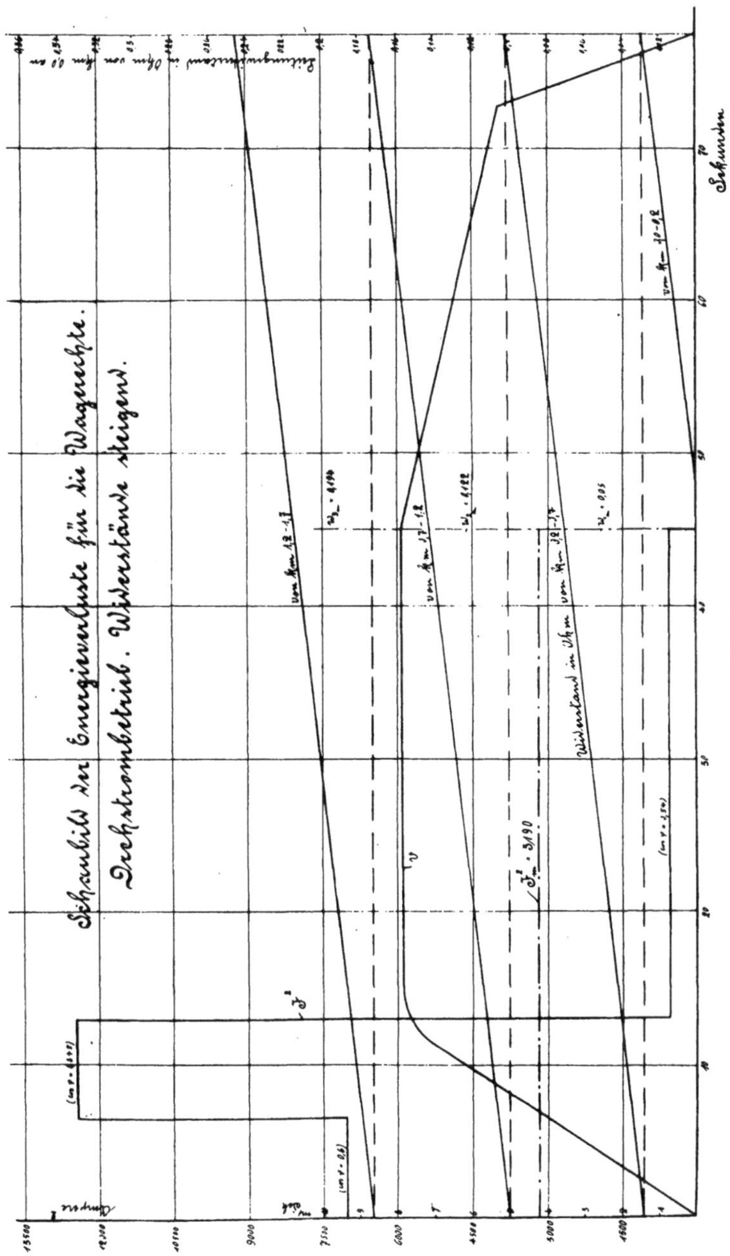
Schaubild der Energieverluste für die Wagengewichte.
Drehstrombetrieb. Widerstände steigend.
Sekunden

Fig. 9.

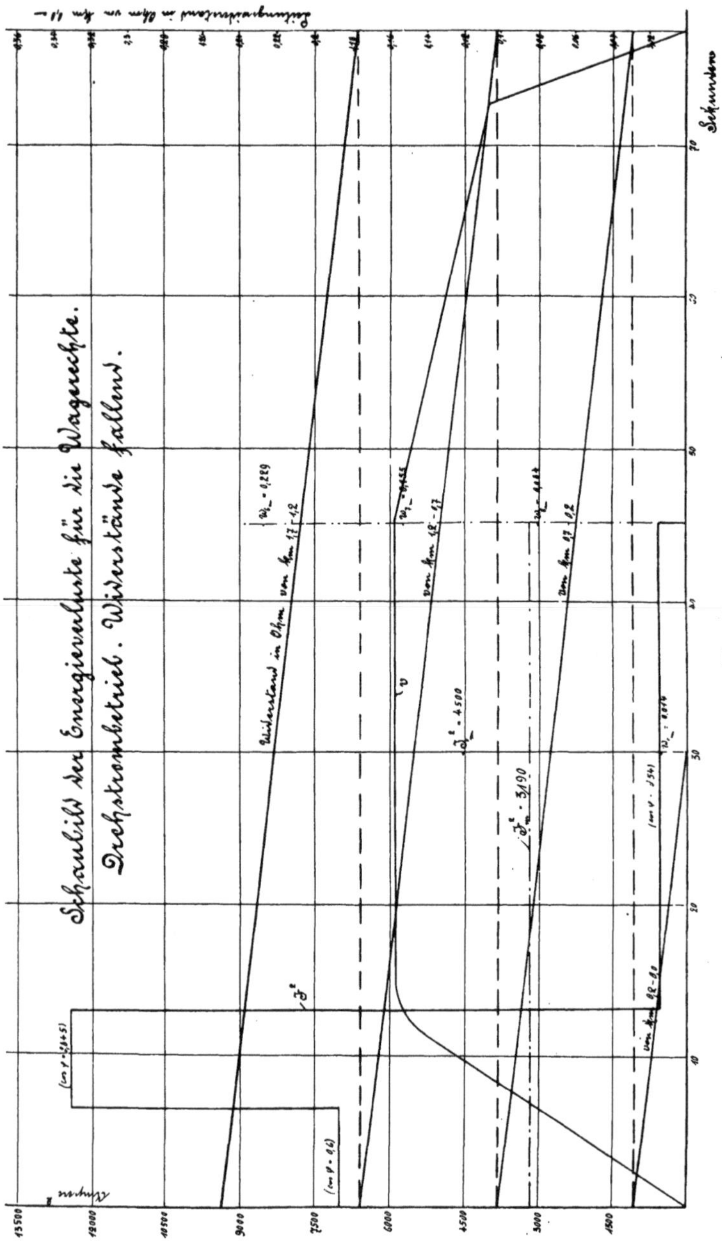
Schaubild der Energieverluste für die Wagerechte.
Drehstrombetrieb. Widerstände fallend.
Sekunden

Fig. 10.

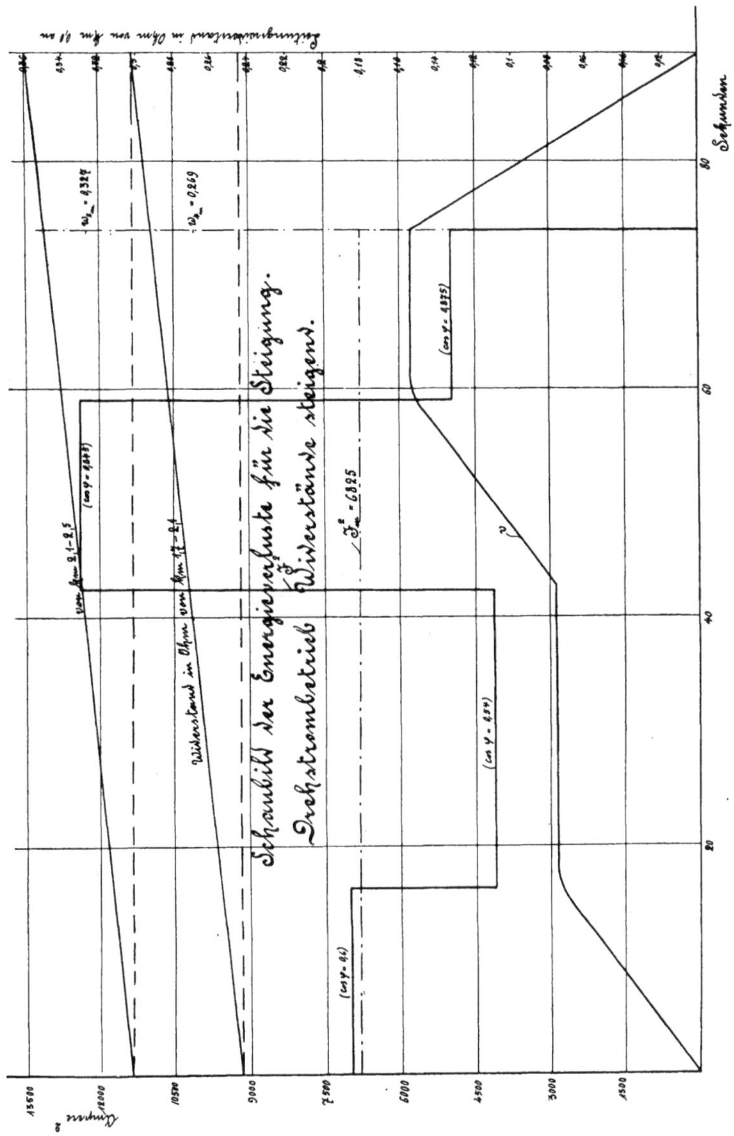
Schaubild der Energieverluste für die Steigung.
Drehstrombetrieb Widerstände steigend.
Sekunden

Fig. 11.

Daraus ergibt sich:

$$\eta_d = \frac{9530 \text{ Wattstd.}}{9530 + 356 \text{ Wattstd.}}$$
$$= \sim 0{,}964.$$

Das Verhältnis der Verluste in den beiden Leitungsanlagen ist

$$\frac{356}{356} = \frac{\text{Drehstrom}}{\text{Gleichstrom}} = 1.$$

Endlich wird das Verhältnis der von dem Kraftwerk für den gleichen Zweck abzugebenden Energiemengen

$$\frac{\text{Gleichstrom}}{\text{Drehstrom}} = \frac{7780 + 356}{9530 + 356} = \text{rd. } 0{,}823.$$

Was die Bedeutung der zuletzt ermittelten Zahlenwerte anbelangt, so ist besonders auf die Voraussetzung hinzuweisen, dafs für beide Stromarten gleiche Leitungsquerschnitte verwendet werden sollen. Nun sind für Drehstrom **zwei** oberirdische Leitungen notwendig. Würde man für Gleichstrom ebenfalls zwei oberirdische Leitungen, aber gleichpolig aufhängen und parallel schalten, so würde sich der Verlust in der Leitungsanlage auf die Hälfte, also rd. 180 Wattstunden vermindern. Mithin ist $\eta_g = 0{,}976$, das Verlustverhältnis

$$\frac{352}{180} = \frac{\text{Drehstrom}}{\text{Gleichstrom}} = 1{,}95$$

und endlich das Energieverhältnis $= 0{,}78$.

Man erkennt hieraus, dafs die Gleichstromübertragung nach den angegebenen Voraussetzungen wesentlich günstiger arbeitet als die Drehstromübertragung.

Anhang VIII.

Ausführungsbeispiel Burgdorf—Thun.

Vergleich der Ausführung einer Bahn nach dem System 3 mit der Ausführung nach System 2.

(Siehe Figur 1.)

1. 750 Volt Drehstrom in den Fahrleitungen; längs der Strecke Transformatoren, die an den primären Klemmen 16000 Volt aus einer Hochspannungsspeiseleitung empfangen und sekundär 750 Volt abgeben.

Die zur Berechnung benutzten Unterlagen sind der Beschreibung der »elektrischen Vollbahn Burgdorf-Thun« aus der Schweizerischen Bauzeitung Bd. XXXV. Nr. 1, 2, 3, 4, 5, 6, 11, 17 entnommen. Der offenbar ungünstigste Belastungsfall für die Anlage ist ebenda in Fig. 40 angegeben, in welcher die Versuchsresultate mit einem Doppelzuge dargestellt sind, der die Steigung von 25 $^0/_{00}$ befährt. Wenn dieser Doppelzug bei der Bergfahrt von Konolfingen nach Gr. Höchstetten in der Nähe des Kilometer XVI (15,8) ankommt, verbraucht er nach den Ablesungen am Automobil einen Strom von etwa $2 \cdot 270$ Amp bei etwa 570 Volt und nach den am Transformator 8 und 9 gemessenen 270 Amp bei 690 Volt am Transformator Nr. 8, sowie 200 Amp bei etwa 700 Volt am Transformator Nr. 9. Die Ablesungen zeigen Unterschiede gegen einander, die bei der Rechnung ausgeglichen werden müssen. Die Ablesungen an den Transformatoren scheinen zuverlässiger zu sein, als die am Automobil. Ein Vergleich mit der Ablesung Fig. 39 nahe Kilometer XIII, nämlich 250 Amp bei 720 Volt auf 25 $^0/_{00}$ Steigung und bei 55 Tonnen Last zeigt, daſs die im folgenden berechneten Werte nicht ungünstig angesetzt sind.

Bei 36 km Geschwindigkeit und 103,5 Tonnen Gewicht einschlieſslich Beobachter, Führer etc. ist die elektrische Leistung der Motoren auf der Steigung von 25 $^0/_{00} = L \frac{P \cdot v}{75} \cdot \frac{736}{\eta}$. In diesem Falle werde η zu 0,815 angenommen, einschlieſslich Zahnräder, mithin

$$L = \frac{103{,}5 \cdot 30 \cdot 10 \cdot 736}{75 \cdot 0{,}815} = \text{rd } 374 \text{ KW}.$$

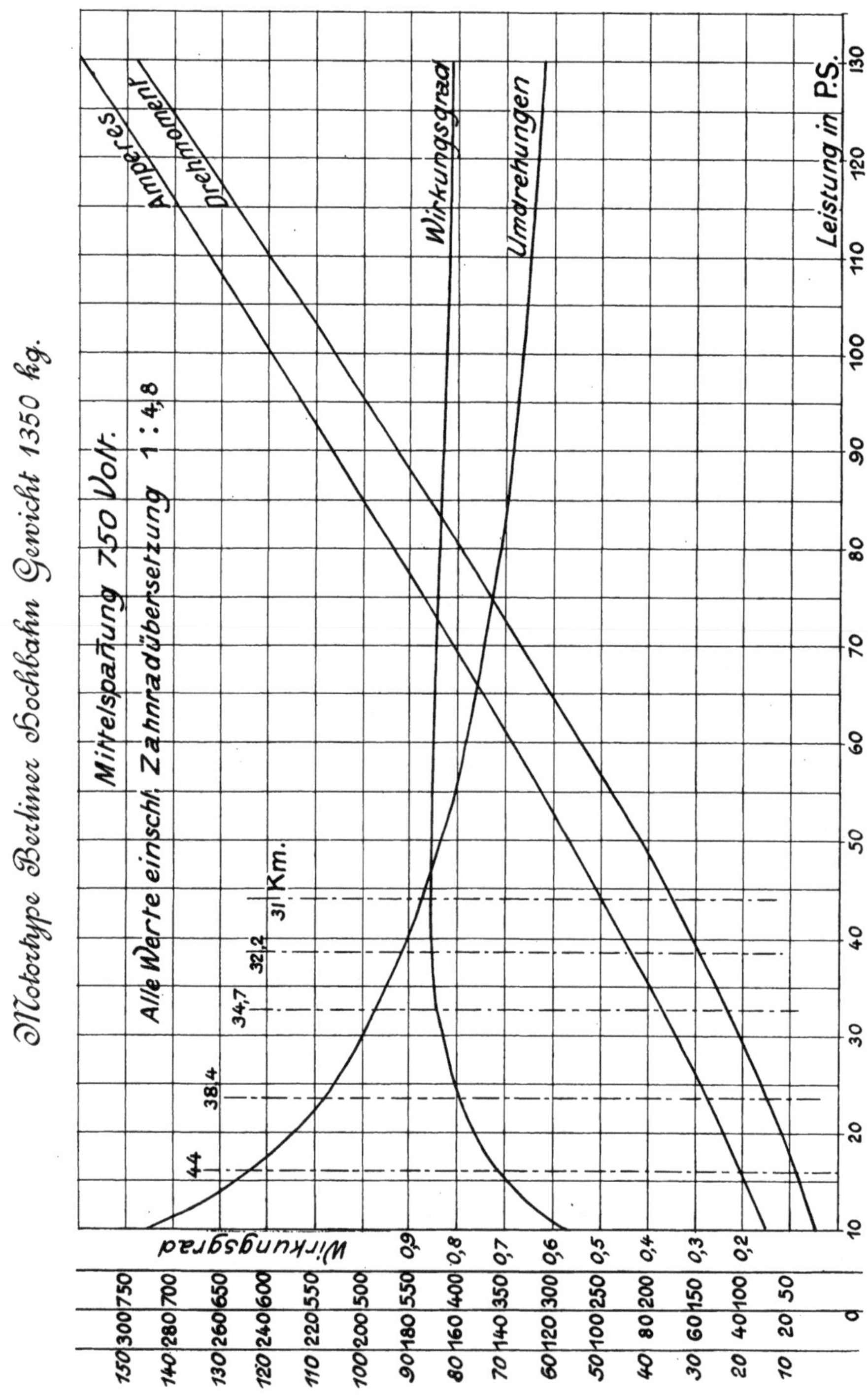
Motortype Berliner Hochbahn Gewicht 1350 kg.
Mittelspannung 750 Volt.
Alle Werte einschl. Zahnradübersetzung 1 : 4,8
Amperes
Drehmoment
Wirkungsgrad
Umdrehungen
Leistung in P.S.
44
38,4
34,7
32,2
31 Km.
10 20 30 40 50 60 70 80 90 100 110 120 130
Wirkungsgrad
0,9 0,8 0,7 0,6 0,5 0,4 0,3 0,2
750 700 650 600 550 500 550 400 350 300 250 200 150 100 50
300 280 260 240 220 200 180 160 140 120 100 80 60 40 20 0
150 140 130 120 110 100 90 80 70 60 50 40 30 20 10

Fig. 1.

Dies ergibt bei $E = 570$ Volt und dazugehörigem $\cos \varphi = 0{,}82$ eine Stromstärke von $J = \dfrac{L}{E \cdot \sqrt{3} \cdot \cos \varphi} = \dfrac{374}{570 \cdot \sqrt{3} \cdot 0{,}82} =$ rd. 460 Amp (unter »Berechnung, Verluste, Nutzeffekte« etc. ist die Strom stärke zu 500 Amp für den Doppelzug und 250 für den Transformator angegeben). Es tritt nun für die Strecke von km 15,8 bis zum Transformator Nr. 9, also für eine Länge von etwa rd. 1,20 km in der Fahrleitung von 50 qmm Querschnitt, die von einer ebenso starken Speiseleitung unterstützt wird (wie unter Kontaktleitung angegeben), bei einer Stromstärke von 220 Amp der Verlust ein:

Ohmscher Verlust: $E'_o = J \cdot w = 0{,}175 \cdot 1{,}20 \cdot 220 = 46$ Volt,

Induktiver » $E'_s = J \cdot l \cdot 0{,}00725 \cdot \sim = 220 \cdot 1{,}20 \cdot 0{,}00725 \cdot 40$

$E'_s = 76.$

Dies mit $\dfrac{570}{\sqrt{3}} =$ rd. 330 Volt zusammengesetzt gibt am Transformator eine Phasenspannung von rd. 412 Volt und eine verkettete von rd. 715 Volt; $\cos \varphi = 0{,}77$. Der Spannungsverlust in der Fahrleitung stellt sich mithin auf $715 - 570 = 145$ Volt oder rd. 20 %.

Der Verlust von km 15,8 bis zum Transformator Nr. 8, also für eine Länge von etwa 1,1 km, stellt sich bei 240 Amp auf

$$E'_o = 240 \cdot 0{,}175 \cdot 1{,}1 = 46 \text{ Volt,}$$

$$E'_s = 240 \cdot 0{,}00725 \cdot 1{,}1 \cdot 40 = \text{rd. } 76 \text{ Volt,}$$

ergibt also zusammengesetzt insgesamt eine Spannung von 715 Volt am Transformator; $\cos \varphi = 0{,}77$.

Der Spannungsverlust in der Zuleitung ist für eine Länge von $48 - 22{,}5 = 25{,}5$ km und einen Drahtdurchmesser von 5 mm zu berechnen. Jeder Transformator hat abzugeben 230 Amp bei 745 Volt.

Es soll nun angenommen werden, dafs beide Transformatoren gleichmäfsig von der Hochspannungsleitung versorgt werden. Spannungsverlust im Transformator durch Selbstinduktion 7 % und Ohmscher Verlust zu 3 % ergibt bei dem Übersetzungsverhältnis von $\dfrac{16\,000}{750}$ bezw. $\dfrac{15\,250}{715}$ eine Spannung von 16 300 bei $\cos \varphi = 0{,}74$ an den Primärklemmen des Transformators. Mithin ist bei 95 % Wirkungsgrad der Transformatoren die Stromstärke in der Zuleitung für jeden Transformator $J = \dfrac{715 \cdot 230 \cdot 0{,}77 \cdot \sqrt{3}}{16\,300 \cdot 0{,}74 \cdot \sqrt{3} \cdot 0{,}95} =$ rd. 11,0 Amp.

Wird der Einfachheit halber angenommen, dafs beide Transformatoren an derselben Stelle in der Nähe von km 16 stehen, so ist die Stromstärke in der Zuleitung für beide Transformatoren 22 Amp.

Für 25,5 km und 19,6 qmm Querschnitt ist der Ohmsche Spannungsverlust

$$E'_o = J \cdot w = 22 \cdot \frac{17,5}{19,6} \cdot 25,5,$$

$$E'_s = \text{rd. } 500 \text{ Volt.}$$

Der induktive Spannungsverlust

$$E'_s = J \cdot \frac{7,45}{1000} \cdot 40 \cdot 25,5 = 22 \cdot 0,00745 \cdot 40 \cdot 25,5 = 164 \text{ Volt}$$

$\left(\frac{7,45}{1000}\right.$ vergl. Uppenborn, Kalender 1901 Seite 100$\left.\right)$.

Beide Spannungsverluste mit der Phasenspannung von $\frac{16\,300}{\sqrt{3}}$ $= 9400$ zusammengesetzt, gibt bei $\cos \varphi = 0,76$ die Spannung von 17 200 Volt, die das Kraftwerk abzugeben hat. Der Spannungsverlust bis zum Kraftwerk beträgt 17 200 — 16 200 also 1000 Volt, das ist rd. 5,8 %.

Befindet sich ein Doppelzug am Ende der Strecke in der Anfahrt, so ist der Verlust in der Fahrleitung fast Null, dagegen in der Zuleitung grofs. Wenn für das Anfahren bei 700 Volt der Strom von 400 Amp für den Doppelzug vorausgesetzt wird, wie unter »Versuchsresultate« angegeben, so bleibt der Spannungsverlust in der Hochspannungsleitung, welche nunmehr mit 48 km Länge in die Rechnung einzusetzen ist, doch in der Nähe von 5 % (bei 460 Amp rd. 6 %), und das Kraftwerk mufs eine Spannung von etwa 17 000 Volt geben. Man erkennt hieraus, dafs die Leistungsfähigkeit der Hochspannungsleitung erschöpft sein würde, wenn in den letzten beiden Stationen je 450 KW abzugeben wären, wobei dann der Spannungsverlust etwa 12 % betragen würde.

Was die Betriebssicherheit des Systems anbetrifft, so ist darauf hinzuweisen, dafs beim Schadhaftwerden eines der Transformatoren ein sehr starker Spannungsabfall in der Fahrleitung eintreten mufs und der Betrieb nur unter wesentlicher Einschränkung der Zugeinheit durchgeführt werden kann, bis der schadhafte Transformator ausgewechselt und ein neuer eingeschaltet worden ist (vergl. in der Druckschrift »Leistungsfähigkeit der Anlage, Reserve«).

Wird z. B. der Transformator Nr. 7 bei Biglen schadhaft (vergl. Fig. 39), so müssen die Transformatoren Nr. 8 und Nr. 6 und die dazwischen liegende Leitung die Leistung für mindestens einen Zug übernehmen. Dieselbe ist bei 55 t angegeben mit 250 Amp bei 720 Volt bei Vollleistung, soll jedoch nur zu 244 Amp bei 570 Volt wie bei der früheren Rechnung (jedoch im Verhältnis der Gewichte gröſser) mit $\cos\varphi = 0{,}82$ angenommen werden. Der Zug befinde sich zwischen Biglen und Gr.-Höchstetten in der Nähe von Transformator Nr. 7 in etwa 100 m Abstand davon auf der Steigung von 25 ‰, hat also von Transformator Nr. 8 einen Abstand von 2,25 km und von Transformator Nr. 6 einen solchen von 3,45 km. Zwischen Biglen und Walkringen liegen Verstärkungsleitungen, zwischen Biglen und Gr.-Höchstetten nicht.

Flieſst nun nach jeder Seite die Hälfte des Stromes von 244 Amp, so ist

$$E'_0 = 122 \cdot 2{,}25 \cdot \frac{0{,}0175}{50} \cdot 1000 = 96 \text{ Volt bis Transf. Nr. 8 und}$$

$$= 122 \cdot 3{,}45 \cdot 0{,}0175 \cdot \frac{1000}{100} = 73{,}5 \text{ Volt von Transf. Nr. 7 bis Tranf. Nr. 6,}$$

$$= 123 \cdot 0{,}1 \cdot 0{,}0175 \cdot \frac{1000}{50} = 4{,}2 \text{ Volt vom Zuge bis Transf. Nr. 7}$$

$$(73{,}5 + 4.2 = \sim 78 \text{ Volt}),$$

$$E'_s = 122 \cdot 2{,}25 \cdot \frac{6}{1000} \cdot 40 = 66 \text{ Volt bis Transf. Nr. 8,}$$

$$= 125 \cdot 3{,}55 \cdot \frac{6}{1000} \cdot 40 = 104 \text{ bis Transf. Nr. 6.}$$

Für beide Abstände wird der Spannungsverlust etwa 210 Volt und 27 % der abgegebenen Spannung. Setze $E'_o = 96$ Volt mit $E'_s = 66$ Volt zu $\frac{570}{\sqrt{3}} = 330$ Volt hinzu, so muſs Transformator Nr. 8 etwa 780 Volt Spannung $\cos\varphi = 0{,}82$ geben, während Transformator Nr. 6 die gleiche Spannung von 780 Volt, aber bei einem $\cos\varphi = 0{,}77$ gibt, die der Zusammensetzung von $E'_o = 78$ Volt und $E'_s = 104$ Volt entspricht.

2. Die elektrische Vollbahn Burgdorf—Thun nach System 2, für Gleichstrom von 750 Volt Mittelspannung eingerichtet.

Jeder Motorwagen ist mit vier Motoren von 1350 kg, Type Berliner Hochbahn, für 750 Volt ausgerüstet, deren Verhalten aus den Schaulinien des Motors Fig. 1 hervorgeht. Raddurchmesser 940 mm, Zahnradübersetzung 1 : 4,8.

Gewicht jedes Motorwagens wird etwa 750 kg leichter. Die Drehmomente, Geschwindigkeiten, Ströme sind in nachfolgender Tabelle für einen Doppelzug zusammengestellt.

Steigung	Drehmoment am Radumfang des Motorradsatzes	Geschwindigkeit in km-Std. bei 750 Volt (800 Volt)	Strom für den Motor in Ampere	Gesamtstrom in Ampere
25 ‰	$\frac{102 \cdot 30 \cdot 0{,}47}{8} = 180$	31 (33)	50	400
20 ‰	$\frac{102 \cdot 25 \cdot 0{,}47}{8} = 150$	32,7 (34,8)	44	352
15 ‰	$\frac{102 \cdot 20 \cdot 0{,}47}{8} = 120$	34,7 (37)	37,5	300
8 ‰	$\frac{102 \cdot 13 \cdot 0{,}47}{8} = 78$	38,4 (41)	28	224
0 ‰	$\frac{102 \cdot 8 \,.\, 0{,}47}{8} = 48$	44 (47)	22	176
anfahren	180	50 0,3 m-Sek Beschleunigung		400

Mit den angegebenen Fahrgeschwindigkeiten läfst sich der gleiche Fahrplan halten wie bei 1 mit Drehstrombetrieb.

An den drei Haltestellen Hasle-Ruesgau, Biglen und Brenzikofen sind Unterstationen aufgestellt, in denen der hochgespannte Drehstrom durch Transformatoren auf niedrige Spannung (500 Volt transformiert und sodann in Konvertoren von 400 KW-Dauerleistung in Gleichstrom von 820 Volt umgewandelt wird. Zur Reserve ist in den beiden Unterstationen Hasle-Ruesgau und Brenzikofen je ein zweiter vollständiger Konverter vorhanden, der leicht herausnehmbar ist und nach Belieben auch in der Mittelstation verwendet werden kann. Diese beiden Konvertoren können auch eventuell zur Verstärkung bei starkem Verkehr dienen. Die Konvertoren stehen in Kellern oder anderen Nebenräumen der Haltestellen und bedürfen keiner Wartung, da sie funkenfrei arbeiten und mit Ringschmierung ausgerüstet sind. Die Schalteinrichtungen für die Strecke sind so in den Haltestellen angebracht, dafs sie bequem vom Stationspersonal bewacht und bedient werden. Die Strecke ist in drei Teile geteilt, Strecke 1 Burgdorf—Bigenthal; Strecke 2 Bigenthal—Konolfingen; Strecke 3 Konolfingen—Thun. Die Teilstrecken sind alle miteinander verbunden und zwar an den genannten Trennungsteilen durch automatische Ausschalter.

In Biglen steht nur ein Konverter und wird eine kleine Bufferbatterie, jedoch nur für den Fall aufgestellt, dafs Stromrückgewinnung in Frage kommt. Als Fahrleitung ist die sogenannte dritte Schiene verwendet und zwar eine solche von 30 kg Gewicht = 3850 qmm Querschnitt.

Der gröfste Spannungsverlust wird voraussichtlich eintreten, wenn in Burgdorf ein Doppelzug mit 400 Amp anfährt.

Die Länge von Burgdorf bis Hasle-Ruesgau beträgt rd. 7,0 km. Der Widerstand der Fahrleitung ist für den Kilometer $W_f = \frac{1000}{3850} \cdot \frac{1}{7}$ mit kleinem Zuschlag = rd. 0,038, der der Rückleitung $W_r = \frac{1000}{9200} \cdot \frac{1}{7}$ = rd. 0,0155, also beträgt der der gesamten Leitung 0,0535 Ohm für den km. Daher ist der Spannungsverlust:

$$E' = 400 \cdot 7 \cdot 0{,}0535 = 150 \text{ Volt} = 18\,\%.$$

Die Spannung sinkt mithin am Ende auf 670 Volt, wenn in der Unterstation 820 Volt abgegeben werden. Nach dem Anfahren, welches übrigens an dieser Stelle langsamer erfolgen könnte, geht die Spannung bald auf 730 Volt herauf, so dafs der Spannungsverlust rd. 11 % beträgt.

Zwischen zwei Unterstationen wird der Spannungsverlust noch geringer. Fährt z. B. ein Doppelzug zwischen Biglen und Brenzikofen bei km 19 in der Nähe von Konolfingen an, um auf 21 ‰ Steigung weiterzufahren, so ist die Streckenlänge nach beiden Seiten bis Biglen bezw. Konolfingen je 7 km, also der Verlust:

$$E' = 400 \cdot \frac{0{,}0535 \cdot 7}{2} = \text{rd. } 75 \text{ Volt, d. i. rd. } 9\,\%.$$

Für den Fall, dafs die mit nur einem Konverter ausgerüstete Unterstation Biglen schadhaft wird, müssen die Unterstationen Hasle-Ruesgau und Brenzikofen den Strom mindestens für einen einfachen Zug bis nach km 13 bei Biglen liefern. Fährt dieser über die Steigung von 25 ‰ mit 200 Amp, so ist der Verlust bei der Länge von rund 13 km Länge

$$E' = \frac{200}{2} \cdot 0{,}0535 \cdot 13 = \text{rd. } 70 \text{ Volt},$$

d. i. es kann sogar ein Doppelzug über die ganze Strecke gebracht werden.

Nimmt man den Wirkungsgrad des Konvertets an zu 93 % im Mittel, den des Transformators zu 97 %, so mufs, wenn der Transformator mit etwa 500 : 16 000 Übersetzung arbeitet, in der Hochspannungsleitung bei 16 400 Volt Spannung $\cos \varphi = 0{,}97$ für den Doppelzug ein Strom abgegeben werden von

$$J = \frac{400 \cdot 820}{0{,}93 \cdot 0{,}97 \cdot 16\,400 \cdot \sqrt{3} \cdot 0{,}97}$$

= rd. 13,2 Amp statt 22 Amp, wie für Drehstrom ermittelt.

Die Spannungsverluste stellen sich also bei der Gleichstromausrüstung niedriger als bei der Drehstromausrüstung.

2. Leistungsfähigkeit der Hochspannungsleitung.

Die Höchstleistung der gesamten Strecke ist durch die Stärke und Länge der Hochspannungsleitung festgelegt. Wie vorher gefunden, würde die Leistungsfähigkeit dieser jedenfalls erschöpft sein, wenn sie auch nur an zwei Stellen Hasle-Rnesgau und Biglen je 400 KW abzugeben hätte.

Sollen aber bei Hasle-Rüsgau, bei Biglen und bei Brenzikofen je 400 KW dauernd abgegeben werden, so ist zunächst

$$J = \frac{400}{0{,}93 \cdot 0{,}97 \cdot 16\,400 \cdot \sqrt{3} \cdot 0{,}97} = \text{rd. } 16 \text{ Amp.}$$

Dieser Strom bringt bis Biglen einen Spannungsverlust in der Hochspannungsleitung hervor von:

$$E'_o = J \cdot w = 16 \cdot \frac{17{,}5}{19{,}6} \cdot 12 = \text{rd. } 171 \text{ Volt,}$$

$$E'_s = J \cdot \frac{7{,}45}{1000} \cdot l \cdot \backsim = 16 \cdot \frac{7{,}45}{1000} \cdot 12 \cdot 40 \cong 57 \text{ Volt.}$$

Das gibt eine Spannung bei Biglen von 16750. Der nunmehr weiterfliefsende Strom von 31,7 Amp verursacht einen Spannungsverlust von Biglen bis Benzikofen:

$$E'_o = 31{,}7 \cdot \frac{17{,}5}{19{,}6} \cdot 14 = \backsim 395,$$

$$E'_s = 31{,}7 \cdot \frac{7{,}45}{1000} \cdot 14 \cdot 40 = \backsim 132.$$

Also ist die Spannung bei Brenzikofen 17400 Volt. Nach dem Kraftwerk fliefst nun ein Strom von 46,8 Amp und bringt einen Spannungsverlust hervor von:

$$E'_o = 46{,}8 \,.\, \frac{17{,}5}{19{,}6} \cdot 15 = 626,$$

$$E'_s = 46{,}8 \,.\, \frac{7{,}45}{1000} \cdot 40 \cdot 15 = 209.$$

Das Kraftwerk mufs also eine Spannung von 18500 Volt $\cos \varphi = 0{,}99$ abgeben.

Vom Kraftwerk bis zum Endpunkt der Hochspannungsleitung tritt mithin ein Spannungsverlust von 18500 — 16400 = 2100 Volt oder 11,3 % auf. Der Energieverlust in der Hochspannungsleitung ist dann bereits 8200 + 37500 + 88000 = 133700 Watt. Das sind $\frac{133{,}7}{1200}$ = rd. 11 %. Die Hochspannungsleitungsanlage würde also in diesem Falle bereits überlastet sein, ein Beweis, dafs die drei Umformeraggregate grofs genug gewählt sind.

4. Zur Kostenfrage ist zu bemerken, dafs bei Ausrüstung mit Gleichstrom die Ersparnisse an der Hochspannungsleitung und den Wagen (25000 Frs. u. 20000 Frs.) sich ausgleichen werden mit den etwas höheren Kosten für die Kontaktleitung, während die Kosten für die drei Umformerstationen die gleichen sind wie für die 14 Transformatorstationen.

Anhang IX.

Ausführungsbeispiel Lecco—Colico—Chiavenna (Sondrio).

1. Ausgeführt nach System 5 für Drehstrombetrieb. In den Fahrleitungen 3000 Volt Drehstrom, längs der Fahrstrecke Transformatoren, welche die Drehstromspannung von 20000 Volt und 15 Perioden auf 3000 Volt erniedrigen. Es sind zwei oberirdische Fahrleitungen von je 50 qmm Querschnitt vorhanden, die dritte Phase ist die Fahrschiene. Die Unterlagen sind aus den »Il monitore tecnico, Milano« no. 14, 15, 16, 17, 18 anno VII, sowie der »Zeitschrift des Österreichischen Ingenieur- und Architekten-Vereins vom 24. Mai 1901 (Nr. 21, 53. Jahrgang) entnommen. Im allgemeinen gilt dasselbe wie beim Beispiel 2 der Bahn Burgdorf—Thun.

Es wird zuerst festzustellen sein, welcher Verlust in der Hochspannungsleitung von 20000 Volt eintritt, wenn jede der 10 Transformatorenstationen mit Normallast arbeitet und 300 KW bei einem angenommenen mittleren $\cos \varphi = 0{,}78$ bis $0{,}83$ aus der Hauptleitung zu entnehmen hat.

Vom Kraftwerk bei Morbegno bis Colico (16 km) hat die Hochspannungsleitung 8 mm Durchm., auf den übrigen Strecken 7 mm, also $q = 50$ qmm bezw. 38,5 qmm.

Bei Abbadia sind abzugeben 600 KW, mithin Strom

$$J = \frac{L}{E\sqrt{3}\cos\varphi} = \frac{600\,000}{18000\sqrt{3}\cdot 0{,}83} = 23{,}2 \text{ Amp.}$$

Hierzu kommen nach und nach die Ströme der anderen Stationen mit 300 KW, und bei Colico kommt noch die Stromstärke für 300 KW hinzu, welche nach Chiavenna (km 20,335) gehen. Es ergeben sich dann die Spannungen auf der längsten Strecke von Lecco bis Morbegno, wie in nachfolgender Tabelle zusammengestellt:

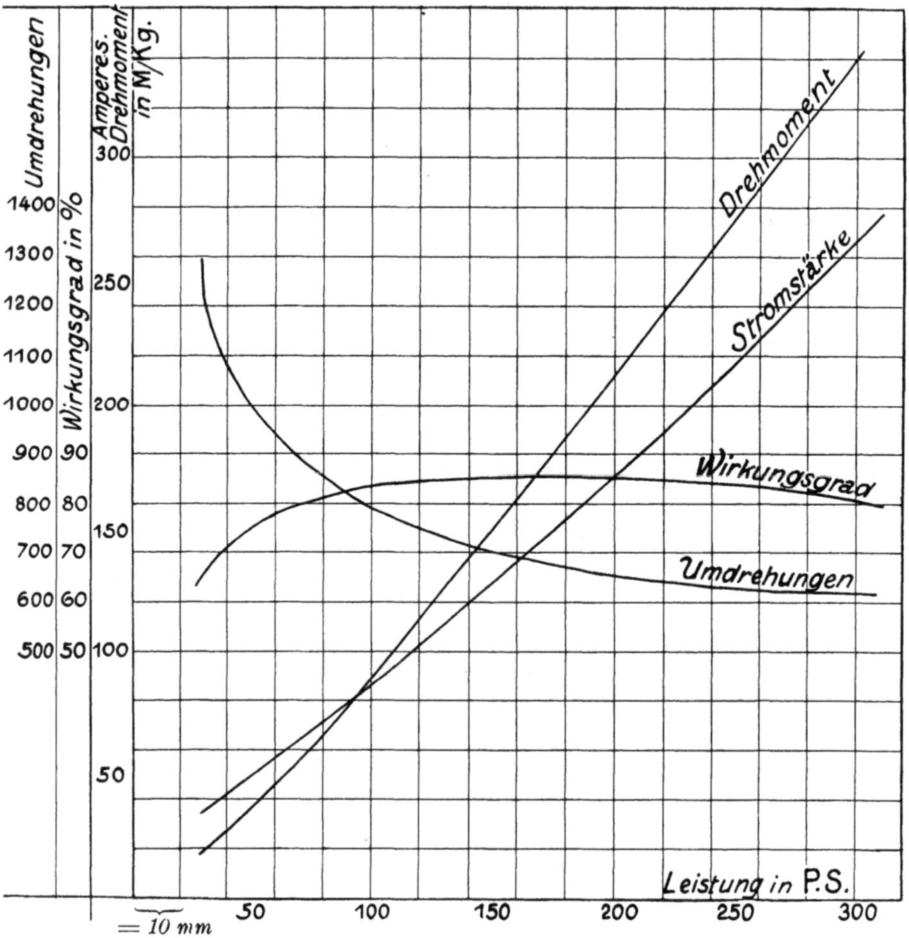
Umdrehungen
Wirkungsgrad in %
Amperes.
Drehmoment in M/Kg.
1400
1300
1200
1100
1000
900
800
700
600
500
90
80
70
60
50
300
250
200
150
100
50
Drehmoment
Stromstärke
Wirkungsgrad
Umdrehungen
Leistung in P.S.
= 10 mm
50
100
150
200
250
300

Fig. 1.

$$E'_o = J \cdot W; \qquad E'_s = J \cdot \backsim l \cdot L; \qquad w = \frac{1}{57} \cdot \frac{l}{q}.$$

$$L = \frac{6,65}{1000} \text{ bei } d = 7 \text{ mm und } = \frac{6,4}{1000} \text{ bei } d = 8 \text{ mm}.$$

Speisestrecke	Länge der Leitung	Widerstand der Leitung	Strom J in der Leitung	Spannungsverlust		E · verkettete Spannung am nächst. Speisepunkt	Energieverlust $3 \cdot J^2 \cdot w$
				E'_o	E'_s		
Abbadia—Lierna (Doppelstation) .	8,200	3,73	23,2	86,5	19	18 160	6 000
Lierna—Bellano .	9,700	4,40	34,7	152	33,6	18 430	15 800
Bellano—Doico .	7,700	3,50	46,0	160	35,4	18 710	22 000
Doico—Colico . .	6,300	2,86	57,5	164	36,2	19 000	28 000
Colico—Traona .	11,900	4,15	79,5	330	91	19 550	78 500
Traona—Morbegno	4,100	1,43	89,9	128	35,4	19 680	34 600
Colila—km 20,335	20,335	9,20	11,1	102	23	18 720 (19 000)	3 400

Gesamt-Energieverlust $3 \cdot J^2 \cdot w = 188\,300$.

Ist die Spannung an dem Endpunkt Abbadia 18000, am Endpunkt km 20,335 Chiavenna 18720 Volt, so ist die Spannung in dem Kraftwerk 19680 Volt cos $\varphi = 0{,}83$.

Der Spannungsverlust beträgt 19680 — 18000 = 1680 Volt d. i. rd. $8^1/_2\,\%$. Der Energieverlust beträgt 188300, also $\frac{188\,300}{2\,400\,000} \backsimeq$ rd. 8 %.

Die Zuleitung für die Höchstspannung würde mithin in ihrer Leistungsfähigkeit erschöpft sein; zweitens sind die Spannungsverluste in der Fahrleitung zu ermitteln, wofür nachfolgende Unterlagen dienen.

Bei Raddurchmesser 1,17 m und 5 % Schlüpfung für die Anfahrbelastung wird bei 15 Perioden eine Geschwindigkeit erreicht von:

$$V = \frac{2 \cdot \backsim}{p} \cdot \pi \cdot d \cdot 3{,}6 \cdot 0{,}95 = \frac{2 \cdot 15}{6} \cdot \pi \cdot 1{,}17 \cdot 3{,}6 \cdot 0{,}95 = 63 \text{ km}.$$

Sei die Zugkraft für das Anfahren angenommen zu 1325 kg am Radumfang entsprechend 0,25 m Beschleunigung bei Nebeneinanderschaltung von zwei Motoren und 104 t Zuggewicht, so ist bei 1,17 m Raddurchmesser das Drehmoment 775 mkg und die Leistung pro Motor beim Anlaufen bis auf 63 km Geschwindigkeit (285 Umdrehungen) wird:

$$N = \frac{M \cdot n}{716{,}2} = \frac{775 \cdot 285}{716{,}2} \backsimeq 310 \text{ PS}.$$

Ist = 0,84 und cos $\varphi = 0{,}83$, $E = 2500$ Volt, so ist die Stromstärke

$$J = \frac{L}{E\sqrt{3} \cdot \cos\varphi} = \frac{310 \cdot 736}{2500 \cdot \sqrt{3} \cdot 0{,}83 \cdot 0{,}84} = 75 \text{ Amp}.$$

Wird nun beispielsweise angenommen, daſs zwischen Colico und km 20,335 bei Chiavenna, also in etwa 10,17 km Entfernung von beiden Stationen sich ein Zug in der Anfahrt befinde, so ist der Spannungsverlust pro Phase annähernd:

$$E'_o = J \cdot w = 2 \cdot \frac{75}{2} \cdot 10{,}17 \cdot 0{,}35 \cong 268 \text{ Volt},$$

$$E'_s = J \cdot l \cdot \frac{7}{1000} \cdot 15 = 2 \cdot \frac{75}{2} \cdot 10{,}17 \cdot \frac{7}{1000} \cdot 15 \cong 80 \text{ Volt},$$

Verlust 480 Volt $\cong$ 16 %.

Hieraus ergibt sich eine notwendige Spannung am Transformator von rd. 2980 Volt und bei einem Übersetzungsverhältnis von $\frac{18\,300}{3000}$ und bei $2^1/_2$ % Ohmschen und 6 % induktivem Spannungsverlust im Transformator eine primäre Spannung von rd. 19 150 Volt.

Fährt ein Zug mit 2650 Volt Spannung zwischen Lierna und Bellano an in etwa 4,9 km Entfernung von Bellano, so ist:

$$E'_o = Jw = 2 \cdot \frac{71}{2} \cdot 0{,}35\; 4{,}9 \cong 121 \text{ Volt},$$

$$E'_s = 2 \cdot \frac{71}{2} \cdot 4{,}9 \cdot \frac{7}{1000} \cdot 15 \cong 36 \text{ Volt}$$

Verlust 220 Volt = 7,7 %

und die Spannung am Transformator 2870 Volt sekundär und primär rd. 18450 Volt.

Beim Anfahren des Zuges an einer Transformatorenstation selbst hat diese 540 KW abzugeben.

2. Dieselbe Bahn entworfen für eine Ausrüstung mit Gleichstrom. In erster Linie sind die Höchstleistungen und Ströme zu ermitteln. Das Zuggewicht wird durch Verwendung leichterer Motoren mit Zahnradübersetzung 1 : 4 etwas geringer, etwa 102 t. Hiernach hat jeder derselben, wenn das Rad einen Durchmesser von 1 m hat und vier Motoren vorhanden sind, bei einer Beschleunigung von 0,3 m Sek. ein Drehmoment an der Motorwelle beim Anfahren zu entwickeln:

$$\frac{M \cdot p \cdot 0{,}5}{4 \cdot 4} = \frac{102\,000}{9{,}81} = \frac{0{,}3 \cdot 0{,}5}{4 \cdot 4} = 97{,}5 \text{ mkg}.$$

Die Gröſse des Stromes ist von der Höhe der zu verwendenden Gleichstromspannung abhängig. Um über diese einen Anhalt zu gewinnen, wird auf die Formel des Anhangs VI zurückgegriffen. Es war nach dieser:

$$\frac{E_d^2}{E_{g2}} = \frac{A_d}{A_g} \cdot \frac{\eta_g}{\eta_d} \cdot \frac{1}{\cos \varphi \cdot \sqrt{3}} \cdot \frac{W_d}{W_g} \cdot y \cdot \sqrt{1 + c^2} \cdot \sqrt{3}$$

Werden die Annahmen gemacht: $\frac{W_d}{W_g} = \frac{0,35}{0,35 + 0,0155}$,

$$\frac{A_d}{A_g} = \frac{1}{0,68}; \quad \frac{\eta_g}{\eta_d} = 1, \quad \cos\varphi = 0,83; \quad y = 0,945,$$

$$C = \frac{7 \cdot \infty \cdot q}{1000 \cdot 0,0175 \cdot 1000} = \frac{7 \cdot 15 \cdot 50}{1000 \cdot 0,0175 \cdot 1000} = 0,3,$$

so wird

$$\frac{E_d^2}{E_g^2} = \frac{1 \cdot 0,96 \cdot 0,945}{0,68 \cdot 0,83} \cdot \frac{\sqrt{3}}{\sqrt{3}} \sqrt{1 + 0,3^2} = 1,67; \quad \frac{E_d}{E_g} \cong 1,29$$

und die Gleichstromspannung im Kraftwerk oder Unterstation etwa 2300 Volt. Wenn nun aber die beiden Leitungen à 50 qmm, die für Drehstrom erforderlich sind, bei Gleichstrombetrieb parallel geschaltet werden und an Stelle der zwei parallel geschalteten besser eine etwas stärkere von 120 qmm gewählt wird, so entwickelt sich aus dem Verhältnis $\frac{W_d}{W_g} = \frac{0,35}{0,1615}$ eine gröfsere Übertragungslänge, d. i. gröfserer Abstand der Unterstationen, nämlich anstatt etwa 15 km etwa 30 km für Gleichstrom. Die nachfolgende genauere Berechnung wird zeigen, ob das Verhältnis der Spannungen ein zutreffendes ist.

Beträgt nun die Spannung auf der Fahrstrecke im Mittel 2000 Volt, so werden zur Aufnahme derselben zweckmässigerweise zwei Motoren dauernd hintereinander geschaltet. Der eine von beiden, welcher die Spannung unmittelbar bekommt, mufs vollkommen von Erde isoliert, aber auch aufserdem in der Wickelung und an den Bürsten so geschützt werden, dafs er die Spannung von 2000 Volt gegen Erde aufnehmen kann, was nach angestellten Versuchen sich erreichen läfst.

Der Gruppenmotor würde nun den Schaulinien Fig. 1 Anhang VIII entsprechend nach völliger Ausschaltung der Widerstände bei 97,5 mkg und 92 Amp Strom 790 Umdrehungen in der Minute machen, d. i. dem Zug $\frac{790}{4} \cdot 1 \cdot 3,14 \cdot \frac{60}{1000} \cong 37$ km-Std. Fahrgeschwindigkeit erteilen.

Es genügt, wenn auf der Steigung von 21 $^0/_{00}$ und auf der Wage, rechten nur zwei Motoren arbeiten und zwar jeder mit 166 mkg bezw. 32 mkg und einer Stromstärke von 138 bezw. 46 Amp. Die Geschwindigkeit beträgt dabei 33 bezw. 49 km-Std. Bei Hintereinanderschaltung der zwei Motorengruppen, welche natürlich mit vorgesehen ist, würde der Zug auf der Steigung eine Geschwindigkeit von rd. 20 km bei 83 mkg und 83 Amp entwickeln.

Die angegebenen Geschwindigkeiten steigern sich entsprechend der höheren Spannung von 2300 Volt an den Speisepunkten auf 38 bezw. 56,5 km bezw. 23,0 km, so dafs der Fahrplan wohl mit Leichtigkeit eingehalten werden kann, selbst wenn die Geschwindigkeit von 63 km nicht erreicht wird.

Im Kraftwerk Morbegno wird der Strom für die Fahrleitung von Colico—Sondrio unmittelbar in der Spannung von 2200 Volt erzeugt und zwar mit zwei Turbinen von je 1000 PS und etwa je 650 KW. Aufserdem sind in Novale—Mezzole (km 12,4 ab Colico) und in Abbadia Unterstationen mit voller Reserve aufgestellt, in Dervio 9,3 km ab Colico (14,7 ab Bellano) eine einfache Unterstation. In diesen wird die Drehstrom-Hochspannung von 20000 Volt und 25 Perioden durch Transformatoren und Konverter (2 Konverter à 1150 Volt hintereinander geschaltet) von 6000 KW Leistung in Gleichstrom von 2200 Volt umgewandelt. In Novale—Mezzole und Abbadia stehen 3 Aggregate Konverter à 1150 Volt (eins davon Reserve), in Dervio nur 2 Aggregate à 1150 Volt, also ohne Reserve. Die Fahrleitung ist dementsprechend in fünf Strecken geteilt, Strecke 1 Morbegno—Sondrio, Strecke 2 Morbegno—Colico, Strecke 3 Colico—Chiavenna, Strecke 4 Colico—Lierna, Strecke 5 Lierna—Lecco, Strecke 2, 3, 4, 5 sind durch drei automatische Ausschalter an der Station Colico und einen an der Station Lierna untereinander verbunden.

Die Fahrleitung auf allen Strecken besteht aus einem Hartkupferprofildraht, welcher 120 qmm achterförmigen Querschnitt hat und an einfachen Auslegern aufgehangen ist. Die Schienenrückleitung ist durch Schienenverbindungen hergestellt. Zwischen Morbegno und Sondrio sind die drei später für eine Unterstation bei Castione dienenden Drehstrom-Hochspannungsleitungen parallel geschaltet und zur Leitung des Gleichstroms benutzt (drei à 7 mm Durchm. = 115 qmm Querschnitt). Die Drehstrom-Hochspannungsleitungen sind dieselben wie bei 1. Es ist nun für den Fall, dafs ein Zug von Castione nach Sondrio bergauf anfährt (Länge Morbegno—Castione 19 km) der Spannungsverlust in Fahrleitung und Rückleitung

$$E = J \cdot W \cdot = 184 \cdot 19 \left(\frac{17,5}{23,5} + 0,0155\right) = 316 \text{ oder rd. } 14,5\,\%.$$

Ein bergab fahrender Zug kann mit geringerem Strom anfahren, so dafs der Spannungsverlust bei Sondrio auch nicht gröfser wird.

Von den im Kraftwerk erzeugten 2200 Volt würden mithin noch 1884 Volt zur Verfügung stehen.

Die Spannung fällt etwas weiter ab, wenn in Chiavenna, d. i. in etwa 13 km ab Unterstation Novale—Mezzole ein Zug bergab auf 10 ‰ Gefälle mit 180 Amp anfährt. Dann ist an dieser Stelle noch eine Spannung von $2200 - (160 \cdot 13 \cdot 0,1615) = 2200 - 363 = 1837$ Volt vorhanden und der Verlust beträgt $16^1/_2\,\%$.

Für einen Zug, der zwischen Dervio und Abbadia z. B. bei Perledo—Varenna (etwa in der Hälfte der Strecke, also in 11,3 km Abstand von beiden Unterstationen) anfährt, ist:

$$E' = J \cdot W = \frac{184}{2} \cdot 11{,}3 \cdot 0{,}1615 \sim 168 \text{ Volt} = 7{,}6\,\%.$$

Die Drehstrom-Hochspannungsleitung wird nicht höher beansprucht als bei den unter 1 angegebenen Drehstromfahrleitungen und Fahrzeugen. Werden in der Unterstation von Abbadia 600 KW bei 25 Perioden abgegeben und ist der Wirkungsgrad des Transformators = 0,97, des Konverters 0,93, so ist:

$$\frac{L}{\eta_1 \cdot \eta_2 \cdot E \cdot \sqrt{3} \cdot \cos\varphi} = \frac{600}{0{,}97 \cdot 0{,}93 \cdot 18000 \cdot \sqrt{3} \cdot 0{,}96}$$
$$= J = 22 \text{ Amp bei } \cos\varphi = 0{,}96,$$

$$E'_o = J \cdot w \cdot = 22 \cdot 22{,}6 \cdot \frac{17{,}5}{38{,}5} = 226 \text{ Volt},$$

$$E'_s = J \cdot \frac{6{,}65}{1000} \cdot \sim \cdot l = 22 \cdot \frac{6{,}65}{1000} \cdot 25 \cdot 22{,}6 = 85 \text{ Volt}.$$

Mithin mufs bei Dervio eine Spannung vorhanden sein von rd. 18400 und eine Stromstärke hinzukommen von 21,5 Amp, wonach 43,5 Amp bis Colico, 9,3 km ab Dervio, weiterfliefsen.

$$\left.\begin{aligned} E'_o &= 43{,}5 \cdot 9{,}3 \cdot \frac{17{,}5}{38{,}5} = 184 \text{ Volt} \\ E'_s &= 43{,}5 \cdot 9{,}3 \cdot \frac{6{,}65}{1000} \cdot 25 = 67 \text{ Volt} \end{aligned}\right\} \begin{matrix}\text{Spannung bei Colico} \\ 18\,730.\end{matrix}$$

Für die Strecke Novale—Colico ist

$$E'_o = 21{,}5 \cdot 12{,}5 \cdot \frac{17{,}5}{38{,}5} = 121 \text{ Volt}$$

und

$$E'_s = 21{,}5 \cdot 12{,}5 \cdot \frac{6{,}65}{1000} \cdot 25 = 44{,}5 \text{ Volt},$$

also die Spannung in der Unterstation von Novale 18500 Volt.

Von Colico bis Morbegno (16 km) fliefsen mit dem Strom, welcher von Novale herkommt, in der stärkeren Leitung von 50 qmm (8 mm Durchm.) nunmehr 65 Amp

$$E'_o = 65 \cdot 16 \cdot \frac{17{,}5}{50} = 375 \text{ Volt},$$

$$E'_s = 65 \cdot 16 \cdot \frac{6{,}4}{1000} \cdot 25 = 166 \text{ Volt}.$$

Die Spannung im Kraftwerk mufs demnach auf 19400 Volt gehalten werden, und der Spannungsverlust beträgt 1400 Volt oder etwa $7\,{}^1/_4\,\%$.

Energieverlust 73000 + 24000 + 15000 + 7800 = 119800.

Gesamtenergie $3 \cdot 600 = 1800$ KW, also Energieverlust $\frac{119\,800}{1800\,000}$ $= 0{,}066$ oder rd. $6\,^1/_2\,\%$.

Man erkennt hieraus, dafs die Gleichstromanlage sogar noch etwas günstiger arbeitet als die Drehstromanlage. Die Kosten für beide sind nicht wesentlich verschieden, da die drei Unterstationen nicht mehr als zehn Transformatorenstationen kosten können und in der Leitungsanlage die Maste mit Ausleger und einem 120 qmm Profildraht jedenfalls nicht kostspieliger sind als die mit zwei Drähten von je 50 qmm und mehr Isolatoren.

Über Handhabung und Bedienung (Reserve) gilt dasselbe wie beim Beispiel 2.

Anhang X.

Ausführungsbeispiel Schnellbahn Berlin—Hamburg.

1. Mit Drehstrom betrieben nach System 6 oder 7. Spannung in der Fahrleitung 10000 Volt, in der Speiseleitung 40000 Volt. Transformatoren an der Strecke verteilt. Periodenzahl 43. (Nach der Beschreibung und Berechnung vom Verfasser E.T.Z., Jahrgang 1901, Heft 34, 37, 38, 41.)

Beim Anfahren des Motorwagens mit Dreieckschaltung der Transformatoren können gegen das Ende der Anfahrperiode pro Motor (einschliefslich des vorgeschalteten Transformators etwa 460 KW $\cos\varphi = 0{,}82$, zusammen also 1840 KW (entsprechend einer mechanischen Leistung von etwa 2150 PS) bei 10000 Volt am Fahrzeug der Fahrleitung entnommen werden. Der in dieser fliefsende Strom beträgt mithin:

$$J = \frac{L}{E \cdot \sqrt{3} \cdot \cos\varphi} = \frac{1\,840\,000}{10000\,\sqrt{3} \cdot 0{,}82} = 130 \text{ Amp.}$$

Soll nun der Spannungsverlust in den drei Fahrleitungen von je 100 qmm Querschnitt (eingeleisige Strecke) nicht mehr als 15% betragen, so darf der nächste Speisepunkt nicht weiter als 25 km von dem Endpunkte der Strecke (z. B. Hamburg) entfernt sein. Denn die Verluste

$$E'_o = J \cdot w = 130 \cdot 25 \cdot 0{,}175 = 570 \text{ Volt}$$

$$E'_s = J \cdot L_s \cdot \sim \cdot l = 130 \cdot \frac{7}{1000} \cdot 43 \cdot 25 = 975 \text{ Volt,}$$

mit der Spannung am Fahrzeug zusammengesetzt, ergeben eine notwendige Spannung am Speisepunkt von 11780 Volt, d. i. $\frac{1780}{11\,780} =$ rd. 0,15 oder 15%. Der Energieverlust $3 \cdot J^2 \cdot w$ beträgt hierbei 220 KW oder $\frac{220}{1900} =$ rd. $11\frac{1}{2}$%. $L_s = \frac{7}{1000}$ entspricht einem Abstand der Leitungen voneinander 1 m und einem Radius des Fahrdrahtes von etwa $5\frac{1}{2}$ mm.

Wendet man dasselbe System der Aufstellung von Transformatoren längs der Strecke an wie beim Beispiel 2 und Beispiel 4, so kann die Entfernung zwischen zwei Transformatorenstationen 50 km betragen, so dafs ein Spannungsverlust von etwa $7^1/_2$ % eintritt. Wird ein Transformator schadhaft, so tritt wieder ein Spannungsverlust von 15 % ein, da die Entfernung zwischen zwei Transformatoren dann 100 km beträgt. Die 286 km lange Strecke wird in sieben Abschnitte geteilt, die alle miteinander verbunden sind; von Berlin aus gerechnet stehen dann Transformatoren bei km 18, 68, 118, 168, 218, 268. Für diejenigen Stellen, an denen angefahren wird, können Zusatztransformatoren an der Bahnlinie aufgestellt werden.

Die Spannungsverluste für volle Fahrt sind wesentlich geringer, da die Leistung dabei nur etwa 870 KW beträgt. Das Kraftwerk soll in der Mitte liegen. Zur Abnahme des Stromes sind zwei parallelgeschaltete Stromabnehmerbügel bei weitem ausreichend, da sie beim Anfahren nur 65 Amp, bei Fahrt nur etwa 30 Amp aufzunehmen haben.

2. Dieselbe Bahn für Gleichstrom von 2500 Volt am Fahrzeug und in den Fahrleitungen (bei voller Fahrt); Unterstationen, die mit Drehstromhochspannung 40000 Volt 25 Perioden vom Kraftwerk gespeist werden.

Es sollen ebenfalls drei oberirdische Leitungen von je 100 qmm Querschnitt in derselben Weise wie bei 1 aufgehangen, aber miteinander verbunden werden. Querschnitt der Fahrleitung also 300 qmm. Querschnitt der Rückleitung (Schiene von 50 kg Gewicht und eine Leitschiene) 3 · 6400 qmm Widerstand pro Kilometer Geleis

$$W = \frac{1000}{300} \cdot 0{,}0175 + \frac{1000}{7} \cdot \frac{1}{19\,200} = 0{,}0585 + 0{,}0075 = 0{,}0660.$$

Die Fahrleistung wird angenommen zu 870 PS, die des Anfahrens zu 1640 PS, mithin verbraucht der Wagen bei 2500 Volt Spannung, 83 % Wirkungsgrad für Fahrleistung bezw. 86 % für Anfahrleistung

$$J = \frac{870 \cdot 736}{2500 \cdot 0{,}85} = \text{rd. } 300 \text{ Amp für die Fahrt,}$$

$$J = \frac{1640 \cdot 736}{2200 \cdot 0{,}88} = \text{rd. } 620 \text{ Amp für das Anfahren.}$$

Die Zahl der Umdrehungen dürfte in diesem Falle auf etwa 75 % derjenigen bei voller Fahrt (850 Min.) heruntergehen, so dafs das Drehmoment bei 1250er Rädern $M = 716{,}2 \cdot \frac{A}{n} = 716{,}2 \cdot \frac{1680}{850 \cdot 0{,}75}$ $=$ rd. 1840 mkg und die Beschleunigung $= \frac{P}{M} = \frac{1840 \cdot 9{,}81}{0{,}625 \cdot 80\,000}$ $= 36$ m-Sek. ist. (Gewicht des Wagens zu 80000 kg angenommen.)

Zum Abnehmen des Stromes würde bei höherer Belastung des Stromabnehmerkontaktes die gleiche Anzahl wie bei der Drehstromausrüstung genügen, also 6, d. i. 2 mal je 3 Stück. Wird ein Spannungsverlust von 16 % beim Anfahren nicht überschritten und sind 2600 Volt Spannung in der Zentrale vorhanden, so mufs sein:

$$0{,}16 \cdot E = J \cdot w = \text{oder } \frac{0{,}16 \cdot 2600}{620} = W = W_{\text{km}}\, l = 0{,}67,$$

$$\text{mithin } l = \frac{0{,}67}{0{,}0660} = 10 \text{ km}.$$

Die Unterstationen könnten mithin analog den Beispielen 2 und 4 je 20 km voneinander entfernt sein, damit beim Anfahren ein Verlust von nur 8 % zwischen ihnen eintritt. Am besten würden für die ganze Strecke 14 Unterstationen, und zwar je eine bis km 13, 33, 53, 73, 93, 103 . . . . 173 aufzustellen sein. Es ist daher für diesen Fall der Drehstrombetrieb vorteilhafter.

Anhang XI.

Berechnung der zum Andrücken des Schleifbügels an die Leitung erforderlichen Drehmomente bei verschiedenen Anordnungen.

Zur Vermeidung von Funkenbildung oder Kontaktunterbrechung ist die Bedingung zu erfüllen, daſs das Schleifstück die Fahrleitung an keiner Stelle verläſst. Dieser Bedingung wird bei den verschiedenen Anordnungen der Stromabnehmer, mit denen bestimmte Abweichungen von der idealen Kontaktbahn, der geraden Linie, verknüpft sind, durch Drehmoment verschiedener Gröſse Genüge geleistet, welche in nachfolgendem tabellarisch zusammengestellt und durch angenäherte Rechnung begründet sind. Eine strenge Rechnung würde schwer durchführbar und praktisch wertlos sein, da die Aufrechterhaltung des Kontaktes nicht bloſs von den Unebenheiten der Leitung, sondern auch von den Schwankungen des Fahrzeuges abhängig ist, für welche jeder Anhalt fehlt.

Aus den gefundenen Drehmomenten läſst sich dann derjenige Druck bestimmen, mit welchem das Schleifstück an den übrigen Stellen der Leitung, wo keine oder nur sehr geringe Abweichungen vorhanden sind, gegen die Fahrleitung gepreſst wird und welcher für die mechanische Abnutzung von Schleifstück und Leitung maſsgebend ist.

Die stärksten Abweichungen der Kontaktbahn werden durch die Abspannungen, Nachspannvorrichtungen, Verbindungen etc. gebildet, auf deren Ausbildung, wie man erkennt, der gröſste Wert zu legen ist. An solchen Stellen sind Stöſse und Funkenbildung fast unvermeidlich.

Für die Seitenleitung sind Nachspannvorrichtungen nicht in dem Maſse wichtig wie für die gewöhnliche Leitung, da für letztere bei stärkerem Durchhang im Sommer die Schwierigkeit der Kontakt erhaltung wächst.

Die Auflaufstücke und Abweichungen in Weichen und Krümmungen müssen eigentlich ebenso geringe Neigung haben wie die der Rechnung zu Grunde gelegte.

Die zu vergleichenden Bügel sind in den Figuren 1 bis 12 abgebildet, Fig. 1 und 2 stellt das Schema des gewöhnlichen stehenden Bügels (Kontakt von unten) mit einer Achse dar. Derselbe Bügel soll der Berechnung des Drehmomentes für liegenden Bügel mit einer Drehachse zu Grunde gelegt werden. Fig. 1a und 2a zeigt das Schema des liegenden Bügels (Kontakt von der Seite) mit zwei Drehachsen. In letzterem Falle soll die Rechnung unter der Annahme erfolgen, dafs der Teil A des Bügels bei geringen Unebenheiten und kurzen Stöfsen keine Bewegungen macht, sondern nur an den langsamen Bewegungen bei Änderungen der Lage der Leitungen teilnimmt. In Wirklichkeit strebt auch dieser Teil A danach, sich der Fahrleitung zu nähern, so dafs das am Gelenk $x - x$ erforderliche Federmoment etwas kleiner als das in folgendem berechnete ist.

Für alle Rechnungen ist angenommen, dafs das Schleifstück der Bügel sich vor der Einnahme der angegebenen Stellungen auf einer absolut geradlinigen Bahn bewegt hat.

Es soll nun das Moment rechnerisch ermittelt werden, welches notwendig ist, damit sich der Bügel auch im ungünstigsten Falle noch mit einer Kraft 4 kg an die Kontaktbahn legt.

Das gesamte Moment besteht aus drei Summanden:

1. dem zur Erzeugung der Winkelbeschleunigung des Bügels erforderlichen Federmomente,

2. dem Andrückmomente und

3. dem zur Überwindung des Gewichtsmomentes des Bügels erforderlichen Momente.

Das letztere fällt bei liegendem Bügel fort. Der Winddruck, welcher den Bügel von der Leitung abzuklappen sucht, soll in allen Fällen durch Gegendruckflächen aufgehoben werden.

Das zur Erzeugung der Winkelbeschleunigung nötige Moment erhält man aus der Gleichung:

$$M = J \cdot \frac{d^2 \varphi}{d t^2},$$

worin J das Trägheitsmoment des Bügels in Bezug auf seine Drehachse, $\frac{d^2 \varphi}{d t^2}$ die maximale Winkelbeschleunigung desselben bedeutet. Die Rechnung zu 1 zerfällt demnach sinngemäfs in zwei Teile:

a) Berechnung des Trägheitsmomentes des Bügels,

b) Berechnung der maximalen Winkelbeschleunigung des Bügels.

1a. Berechnung der Trägheitsmomente.

A. Stehender oder liegender Bügel mit einer Drehachse (Fig. 1 und 2 am Schlusse dieses Anhanges).

Teil a b $J_1 = \frac{1}{3} \cdot M \cdot l^2 = \frac{1}{3} \cdot 1{,}4^2 \cdot 0{,}05944 = 0{,}03883$ Maſsen-einheiten mal Meter²,

$$M = \left(\frac{\pi}{4} \cdot 1{,}8^2 - \frac{\pi}{4} \cdot 1{,}6^2\right) \cdot 140 \cdot 7{,}8 \cdot \frac{1}{1000 \cdot 9{,}81}$$
$$= 0{,}05944\ ME.$$

Teil c d $J_2 = 0{,}3883\ M E\, m^2$.

Teil b c $J_3 = M \cdot l^2 = 1{,}4^2 \cdot 0{,}03467 = 0{,}06795\ M E\, m^2$,

$$M = \frac{\pi}{4} \cdot 1{,}5^2 \cdot \frac{70 \cdot 2{,}75}{1000 \cdot 9{,}81} = 0{,}03467\ M E,$$

$$J = J_1 + J_2 + J_3 = 0{,}14561\ M E\, m^2.$$

B. Liegender Bügel mit zwei Drehachsen (Fig. 1a u. 2a).

Teil a b $J_1 = \frac{1}{3} \cdot 0{,}02248 \cdot 0{,}6^2 = 0{,}0026976\ M\ E\ m_2$

$$M = \left(\frac{\pi}{4} \cdot 1{,}6^2 - \frac{\pi}{4} \cdot 1{,}4^2\right) \cdot 60 \cdot 7{,}8 \cdot \frac{1}{1000 \cdot 9{,}81}$$
$$= 0{,}02248\ M\ E.$$

Teil c d $J_2 = 0{,}0026\,976\ M\ E\ m^2$.

Teil b c $J_3 = M\ l^2 = 0{,}02\,604 \cdot 0{,}6^2 \cdot 0{,}009\,374\ M\ E\ m^2$

$$M = \frac{\pi}{4} \cdot 1{,}3^2 \cdot \frac{70 \cdot 2{,}75}{1000 \cdot 9{,}81} = 0{,}02\,607$$

$$J = J_1 + J_2 + J_3 = 0{,}01\,477.$$

1b. Berechnung der den Bügeln zu erteilenden Winkelbeschleunigung.

A. Beim Fahren auf normaler Bahn.

α) Stehender Bügel.

Die Kontaktbahn ist eine Parabel (Fig. 3), die wir für die weitere Rechnung durch das in die Parabel eingeschriebene Polygon annähern. Fig. 4 gibt zugleich die Stellungen des Bügels in den entscheidenden Punkten A_1, A_2 und A_3 an. Wir nehmen an, daſs der Bügel während des Zurücklegens der Winkel $(\varphi_1 - \varphi)$ und $(\varphi_2 - \varphi_1)$ gleichmäſsig beschleunigt wird. Die Gröſsen beider Beschleunigungen sind voneinander verschieden.

Im Punkte A_2 hat der Bügel bereits eine Winkelgeschwindigkeit ω erreicht, die sich aus der Gleichung

$$\omega = \frac{2 \cdot (\varphi_1 - \varphi)}{t_1}$$

berechnet, worin t_1 die zur Beschreibung des Weges $A_1\,A_2$ verbrauchte Zeit bedeutet. Die Winkelbeschleunigung $\frac{d^2\,\varphi}{dt^2}$ auf dem Wege $A_1\,A_2$ ergibt sich aus der Gleichung $\omega \cdot t_2 + \frac{1}{2} \cdot t_2^2 \cdot \left(\frac{d^2\,\varphi}{dt_2}\right) = \varphi_2 - \varphi_1$, worin t_2 die Zeit ist, welche der Bügel für die Zeit $A_2\,A_3$ verbraucht. Nun ist

$\sphericalangle\ \varphi_2 = 63^0\ 14'$	$\varphi_2 - \varphi_1 = 1^0\ 30'\ 20''$
$\sphericalangle\ \varphi_1 = 61^0\ 43'\ 40''$	$= 0{,}026\,276$ im Bogenmafs
$\sphericalangle\ \varphi\ = 42^0\ 44$	$\varphi_1 - \varphi = 18^0\ 59'\ 40''$
	$= 0{,}331\,513$ im Bogenmafs

$t_1 = 0{,}405$ Sek. } bei 42 m-Sek. = 150 km-Std. Fahrgeschwindigkeit
$t_2 = 0{,}012$ » } des Wagens

$$\omega = \frac{2 \cdot (\varphi_1 - \varphi)}{t_1} = \frac{2 \cdot 0{,}3315}{0{,}405} = 1{,}637$$

$$\frac{d_2\,\varphi}{dt^2} = \frac{2 \cdot (\varphi_2 - \varphi_1 - w \cdot t_2)}{t_2^2} = \frac{2 \cdot (6 \cdot 0{,}26\,276 - 1{,}637 \cdot 0{,}012)}{0{,}012^2}$$

$$= 92{,}6\ \text{Sek.}^{-2}$$

β) Liegender Bügel mit zwei Achsen.

Die Abweichung der Bahn von einer Geraden rührt von dem Druck des Bügels auf den Draht her, der ca. 4 kg beträgt. Fig. 5 und 6 zeigen, in welcher Weise der Druck des Bügels dem Gewicht von 35 m Draht Gleichgewicht hält und die Abweichung y in horizontaler Richtung erzeugt. Es ist $y \cdot G = 0{,}4 \cdot 4$; G = Gewicht von 35 m Kupferdraht von 100 mm². Querschnitt $G = 1$ cm². $3500\ \text{m} \cdot \frac{9}{1000} =$ 31,500 kg; $y = 0{,}0508$ m = ca. 51 mm.

Die Kontaktbahn ersetzen wir für die weitere Rechnung durch das in horizontaler Ebene liegende Dreieck. (Fig. 7.)

In diesem Falle gilt einfach die Gleichung

$$\frac{1}{2} \cdot \frac{d^2\,\varphi}{dt^2} \cdot t^2 = (\varphi - \varphi_1),$$

da der Bügel in x noch eine Winkelgeschwindigkeit $\underline{\circ}$ besitzt. Hierbei ist

$t = 0{,}417$ m-Sek.

$\varphi_1 = 14^0\ 40'\ 14''$ } $\varphi_1 - \varphi = 5^0\ 45'\ 54''$ oder im Bogenmafs
$\varphi\ = \ 9^0\ 34'\ 20''$ } 0,0889 818

$$\frac{d_2\,\varphi}{dt^2} = 1{,}023\ \text{Sek.}^2.$$

Anordnungen von Stromabnehmern.

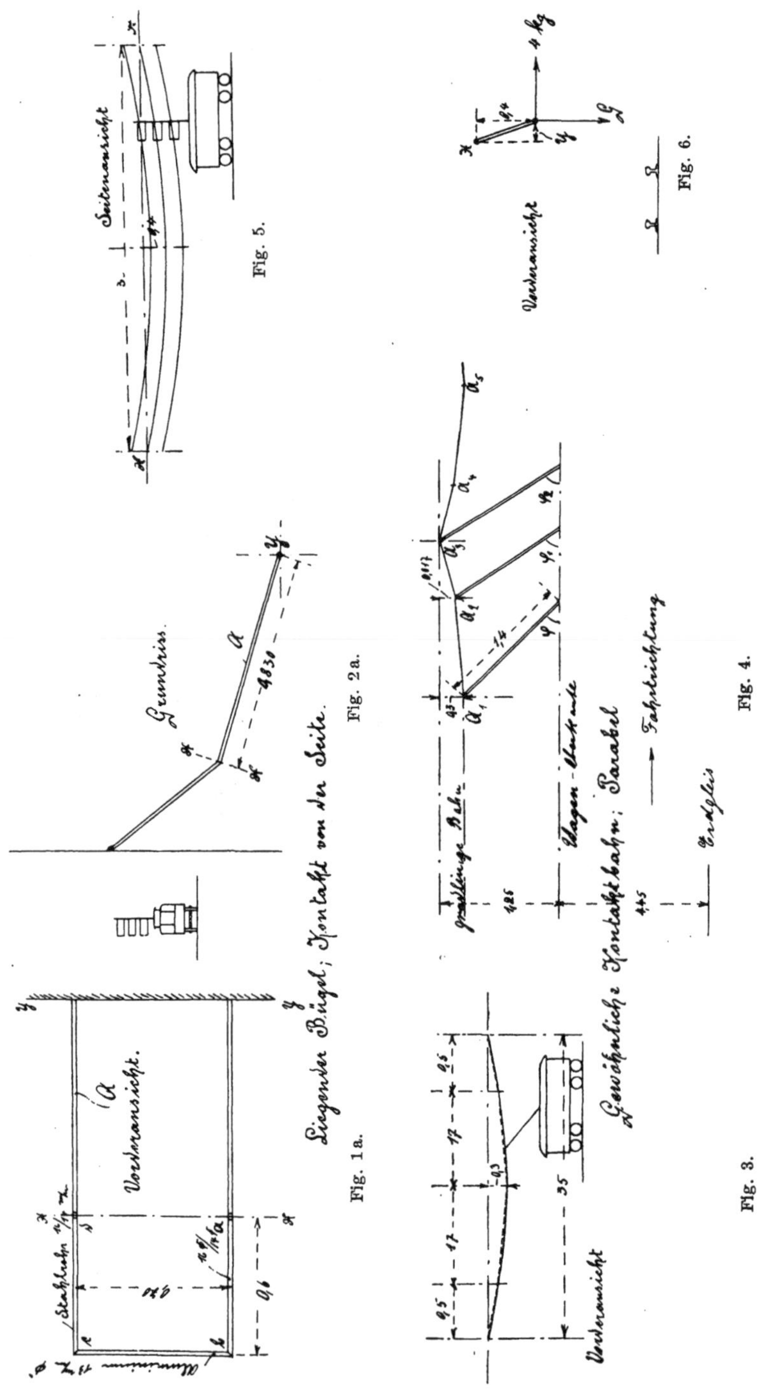

Fig. 1a.

Fig. 2a.

Fig. 5.

Fig. 3.

Fig. 4.

Fig. 6.

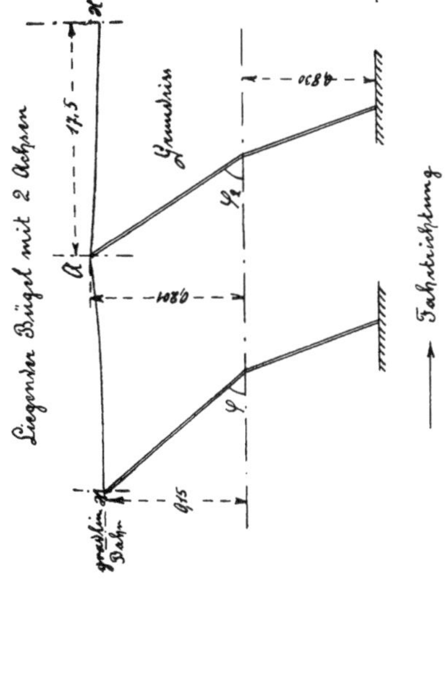

Fig. 7.

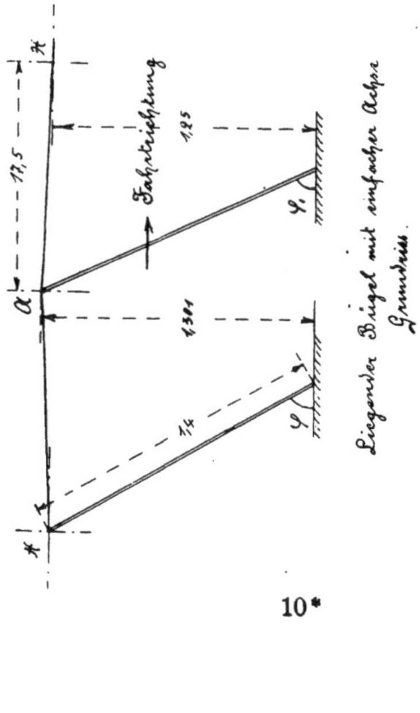

Fig. 8.

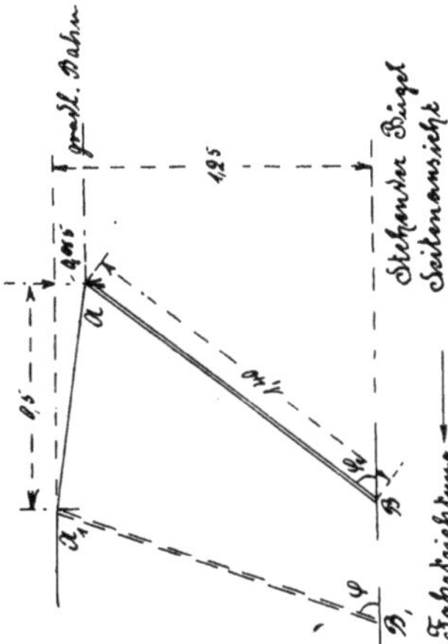

Fig. 9.

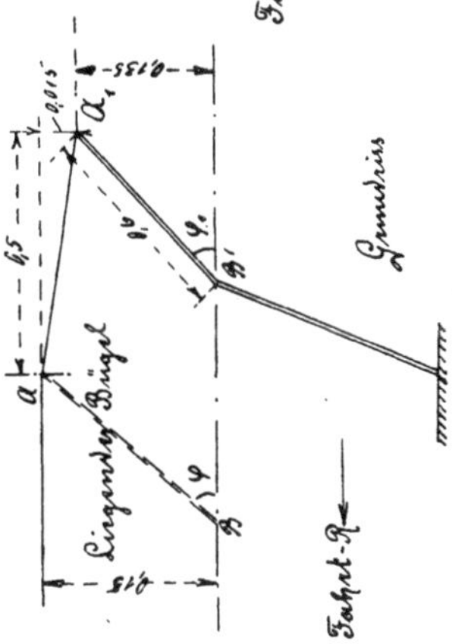

Fig. 10.

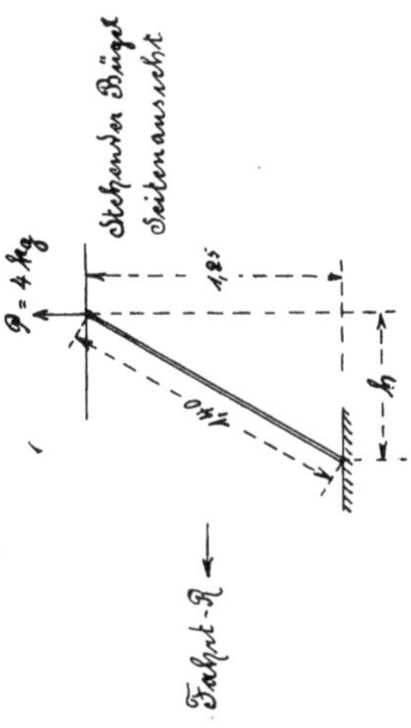

Fig. 11.

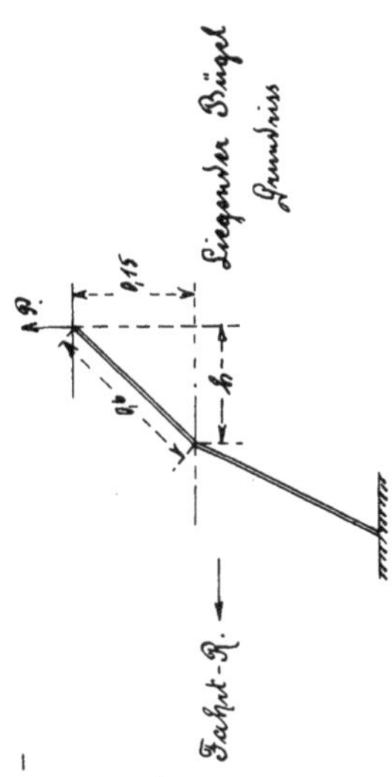

Fig. 12.

γ) Liegender Bügel mit einfacher Achse (Fig. 8).

Hier ist:

$$\left.\begin{aligned}\varphi_1 &= 68^0\,19'\,24''\\ \varphi &= 63^0\,14''\end{aligned}\right\}\ \varphi_1 - \varphi = 5^0\,5'\,24'' \text{ oder im Bogenmaſs } 0{,}0888372.$$

$$t = 0{,}417 \text{ Sek.}$$

$$\frac{1}{2}\cdot\frac{d^2\varphi}{dt^2}\cdot t^2 = (\varphi - \varphi_1);\ \frac{d^2\varphi}{dt^2} = 1{,}022 \overset{-2}{\text{Sek.}}$$

B. Besondere Stellen der Bahn.

Dieselbe Rechnung wird nunmehr für den Fall wiederholt, daſs die Unebenheiten der Bahn durch die an derselben vorhandenen Verbindungsstellen, Nachspannvorrichtungen oder dergl. herrühren. Hierbei werden wir, wie wir bald sehen werden, für $\frac{d^2\varphi}{dt^2}$ höhere Werte erhalten. Dieselben werden demnach für die Beurteilung der verschiedenen Bügelkonstruktionen sehr wichtig. Das beste Beispiel bieten die Nachspannvorrichtungen:

α) Stehender Bügel (Fig. 9).

Es ist:

$$\left.\begin{aligned}\varphi &= 63^0\,14'\\ \varphi_1 &= 61^0\,54'\end{aligned}\right\}\ \varphi - \varphi_1 = 1^0\,20' \text{ oder im Bogenmaſs } 0{,}023271.$$

$$t = 0{,}012 \text{ Sek.}$$

$$\frac{1}{2}\cdot\frac{d^2\varphi}{dt^2}\cdot t^2 = 0{,}023271.$$

$$\frac{d^2\varphi}{dt^2} = 323{,}2 \overset{-2}{\text{Sek.}}$$

Dasselbe gilt für den liegenden Bügel mit einer Drehachse (vergl. Fig. 12).

β) Liegender Bügel mit 2 Drehachsen (Fig. 10).

Es ist:

$$\left.\begin{aligned}\varphi &= 14^0\,28'\,26''\\ \varphi' &= 13^0\,\ 0'\,10''\end{aligned}\right\}\ \varphi - \varphi' = 1^0\,28'\,26'' \text{ oder im Bogenmaſs: } 0{,}025671.$$

$$t = 0{,}012 \text{ sec} - \frac{1}{2}\cdot\frac{d^2\varphi}{dt^2}\cdot t^2 = 0{,}025671.$$

$$\frac{d^2\varphi}{dt^2} = 356{,}5 \overset{-2}{\text{Sek.}}$$

1c. Berechnung des zur Erteilung der Winkelbeschleunigung notwendigen Federmomentes.

Die Berechnung erfolgt nach der Gleichung:

$$M = J\cdot\frac{d^2\varphi}{dt^2}$$

und ergibt für die sechs von uns betrachteten Fälle die in folgender Tabelle enthaltenen Werte:

	Normale Bahn	Nachspann-vorrichtung
Stehender Bügel	13,5 mkg	47,06 mkg
Liegender Bügel mit einer Drehachse . . .	0,1488 »	47,06 »
Liegender Bügel mit zwei Drehachsen . .	0,01510 »	5,265 »

2. Berechnung des Andrückmomentes.

a) Stehender Bügel (Fig. 11).

$$M = P \cdot h = 4 \text{ kg} \cdot \sqrt{(1{,}4^2) - (1{,}25)^2} = 2{,}52 \text{ mkg}.$$

Zur Erzeugung von 1 kg Druck ist notwendig ein Moment von 0,63 mkg.

Ebenso grofs ist M für liegenden Bügel mit einer Drehachse.

b) Liegender Bügel mit zwei Drehachsen (Fig. 12).

$$M = P \cdot h = 4 \text{ kg } \sqrt{(0{,}6)^2 - (0{,}15)^2} = 2{,}32 \text{ mkg}.$$

Zur Erzeugung von 1 kg Druck sind, 0,58 mkg erforderlich.

3. Berechnung des Gewichtsmomentes.

a) Stehender Bügel (Fig. 1).

Teil ab: $M_1 = G_1 \cdot \frac{0{,}63}{2} = 0{,}583 \text{ kg} \cdot 0{,}315 = 0{,}184 \text{ mkg},$

Teil cd: $M_2 = 0{,}184 \text{ mkg},$

Teil bc: $M_3 = G_2 \cdot 0{,}63 = 0{,}34 \cdot 0{,}63 = 0{,}2142.$

$$M = M_1 \cdot M_2 \cdot M_3 = 0{,}5822 \text{ mkg}.$$

b) Liegender Bügel $M = 0$.

Als Endergebnis erhalten wir schliefslich folgende Tabelle, die die Werte der gesamten erforderlichen Federmomente enthält.

	Normale Bahn	Nachspann-vorrichtung
Stehender Bügel	16,6 mkg	50,16 mkg
Liegender Bügel mit einer Drehachse . . .	2,27 »	49,58 »
Liegender Bügel mit zwei Drehachsen . .	2,34 »	7,58 »

Durch die Rechnung ist ein Mafsstab dafür gewonnen, wie weit der Seitenkontakt dem gewöhnlichen Kontakt von unten überlegen ist, indem für letzteren auf normaler Bahn 16,6 mkg Drehmoment, für ersteren nur 2,34 mkg erforderlich ist. Ferner ist der Einflufs der zweiten Drehachse daraus zu erkennen, dafs bei Abweichungen von der normalen Kontaktbahn der zweiachsige Bügel nur den siebenten Teil des Drehmomentes benötigt, das für einachsigen Bügel aufzubringen ist.

Endlich ist festgestellt, dafs Abweichungen von 15 mm auf 500 mm überhaupt unzulässig sind und hierfür selbst die zweiachsige Konstruktion nicht mehr genügen würde.

Was nun den gröfsten Druck anlangt, mit welchem das eigentliche Schleifstück gegen die Fahrleitung geprefst wird, so läfst sich derselbe nunmehr leicht feststellen.

Es war zunächst von der Annahme ausgegangen worden, dafs das Schleifstück vor Eintritt in die betrachteten Stellungen sich auf einer geradlinigen Bahn bewegt habe. Diese Annahme kann als zutreffend angesehen werden, da die Bahn kurz vor dem Eintritt in die Stellungen als durch die Tangente an die Bahn gebildet, angenommen werden kann. Wenn nun nach Durchlaufen der Stellungen A_1, A_2 in Fig. 4 das Schleifstück bei A_3 angelangt ist, so ist einerseits ein Federmoment von 13,5 mkg vorhanden, welches vorher zur Erteilung der Winkelbeschleunigung diente, und das Andrückmoment von 2,52 mkg, anderseits wird durch die Kontaktbahn eine Winkelbeschleunigung in negativem Sinne auf das Schleifstück ausgeübt, und zwar ist analog der früheren Aufstellung für die Bewegung von A_3 nach A_4

$$\omega = \frac{2 \cdot (\varphi - \varphi_1)}{t_1} = \frac{2 \cdot 0{,}02627}{0{,}012} = 4{,}4,$$

$$\frac{d_2 \varphi}{d t_2} = \frac{2 \cdot (\varphi - \varphi_1 - \omega \cdot t_2)}{t_2^2} = \frac{2 \cdot (0{,}3315 - 4{,}4 \cdot 0{,}405)}{0{,}405^2} = \frac{-2{,}9}{0{,}164}$$

$$= -17{,}7,$$

$$M = 0{,}1456 \cdot (-17{,}7) = -2{,}58 \text{ mkg}.$$

Das Moment ist negativ, mufs aber mit positivem Vorzeichen zu den übrigen drei Momenten addiert werden, da es sich ebenfalls wie diese in einem Druck auf die Leitung äufsert.

Insgesamt tritt also ein Drehmoment auf von $13{,}5 + 2{,}52 + 2{,}58 = 18{,}6$ mkg, was einem Druck auf das Schleifstück von $\frac{18{,}6}{0{,}63} = \sim 30$ kg entspricht.

Beim Bügel mit zwei Drehachsen wird einfach das der eben angestellten Rechnung entsprechende Drehmoment $M = 2 \cdot 0{,}015 + 2{,}32 = 2{,}35$ mkg und mithin der Druck auf das Schleifstück 4,05 kg.

Die erstgenannten Drücke würden eine sehr rasche Abnutzung von Fahrleitung und Schleifstück herbeiführen, während letzterer Druck kaum nennenswert durch das für Winkelbeschleunigung notwendige Moment gesteigert wird.

Anordnungen von Stromabnehmern.

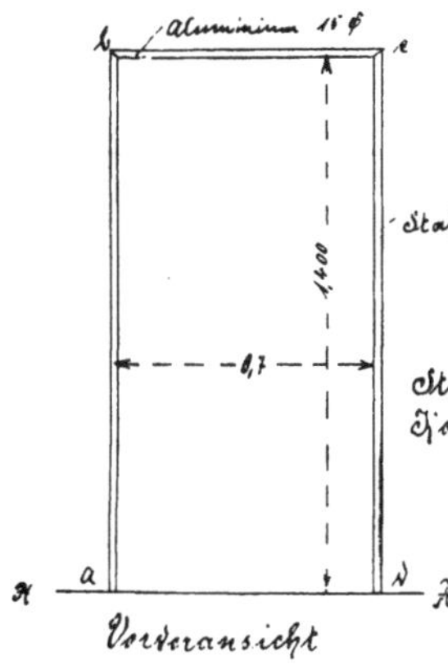

Fig. 1.

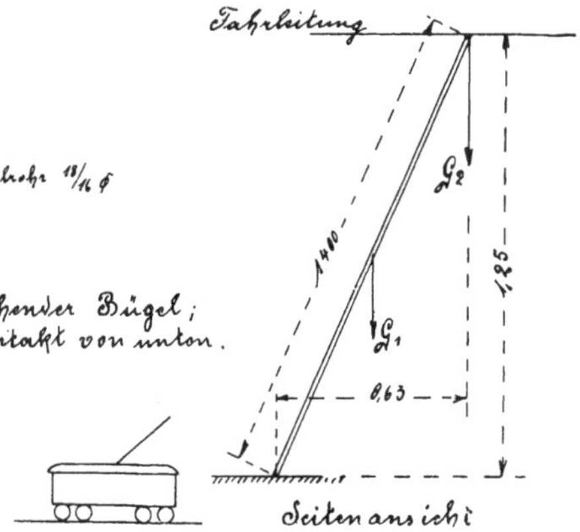

Fig. 2.

Anhang XII.

Berechnung des Kraftbedarfes und der Verbrauchsziffern für einen Zug von 260 Tonnen Gewicht bei 160 km Fahrgeschwindigkeit pro Stunde.

Der Bahnwiderstand wird mit 3,5 kg für die Tonne Gewicht angenommen. Für den Luftwiderstand können die Versuche des Verfassers als mafsgebend angesehen werden (E.T.Z. 1901 Heft 34), welche auch bei den Fahrversuchen von 1901 auf der Kgl. Militäreisenbahn sich leidlich bestätigt fanden. Nach letzteren ist bei der Körpergestalt des Fahrzeuges der Druck auf den Quadratmeter einer zur Fahrtrichtung annähernd senkrechten Fläche

$$p \cong 0{,}07\ v^2,$$

wenn v in m-Sek. eingesetzt wird. Es wird also bei $v = \frac{160}{3{,}6} = 44{,}5$ der Druck $p \cong 0{,}07 \cdot 2980 = \backsim 140$ kg. Wenn die senkrechte Fläche 3,8 qm beträgt, so hätte man mit einem Luftdruck von $\backsim 530$ kg zu rechnen. Wird der Wert für 160 km aus den »Versuchen über Luftwiderstand« (E.T.Z. 1901 Heft 34) des Verfassers entnommen, so würden 50 kg für den Quadratmeter Grundfläche bei annähernd parabolischer Gestalt in Rechnung zu stellen sein, das sind bei 10 qm Grundfläche 500 kg.

Grundriss der Schlingerbremse.

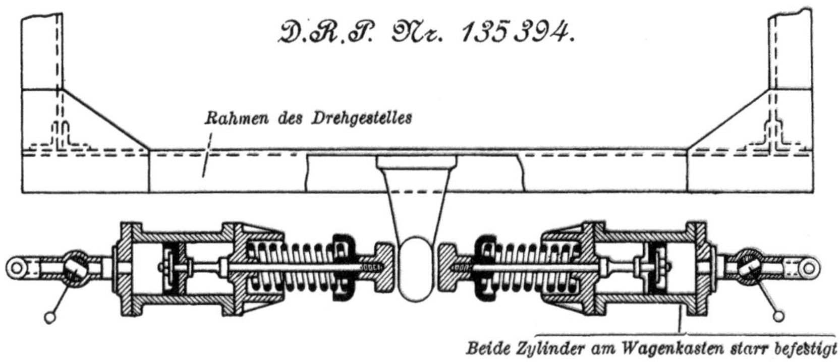

Fig. 2.

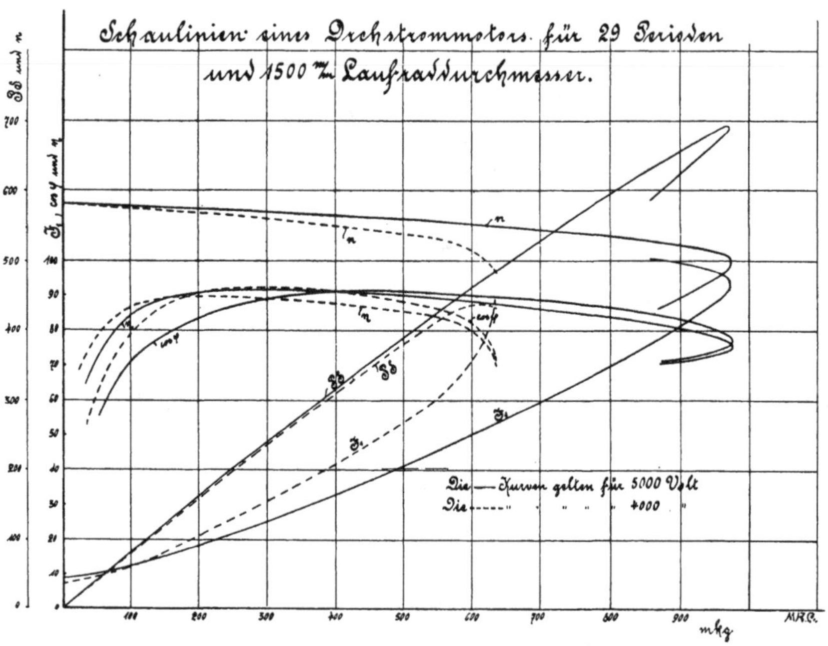

Fig. 3.

Kreisschaulinien eines Drehstrommotors für 29 Perioden und 1500 mm Laufraddurchmesser.

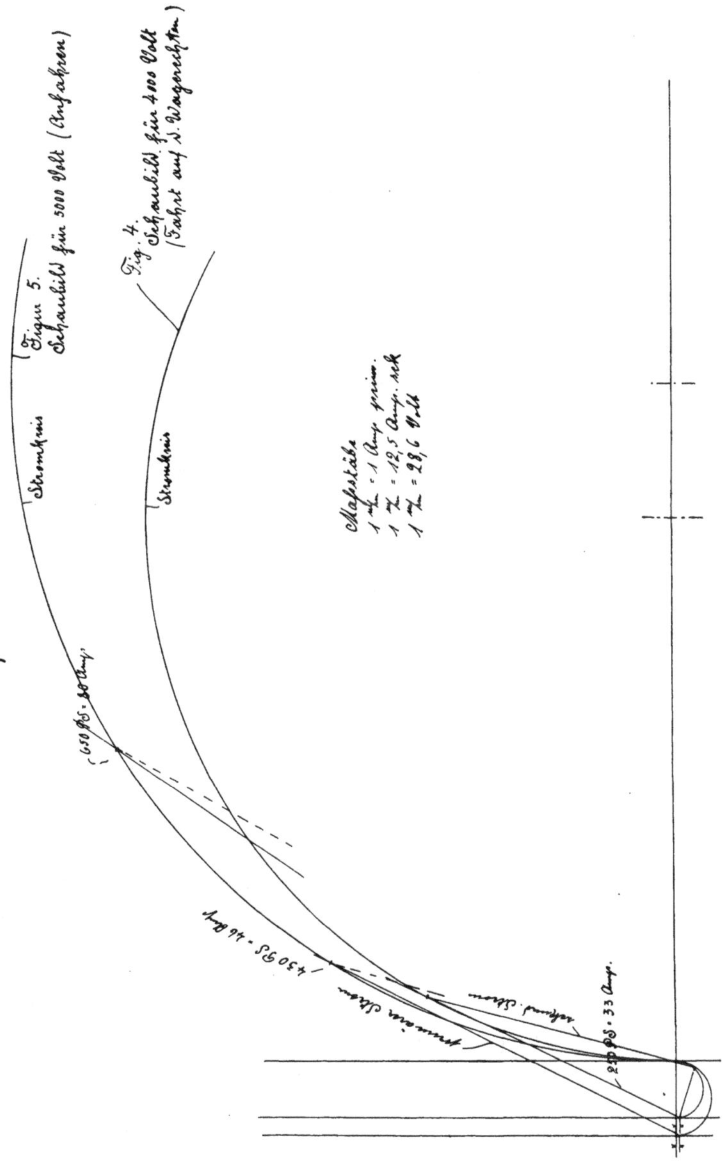

Die während der Fahrversuche angestellten Beobachtungen lassen darauf schliefsen, dafs eine noch gröfsere Annäherung der Wagenbrust an eine parabolische Stirnfläche den Luftwiderstand vermindern würde. Trotzdem soll der Vorsicht halber der Luftwiderstand einschliefslich Seitenreibung am Motorwagen zu 550 kg angenommen werden und aufserdem soll noch für jeden Anhängewagen ein Zuschlag von 50 kg als Betrag für vorstehende Flächen der Stirnwand und für die Seitenreibung gemacht werden, so dafs insgesamt bei einem Zuge von einem Motor- und vier Anhängewagen rd. $550 + 4 \cdot 50 = 750$ kg Luftwiderstand und $3,5 \cdot 260 = 900$ kg Bahnwiderstand zu überwinden sind. Es ist also eine Gesamtzugkraft von 1650 kg auszuüben. Dies entspricht einer Leistung von

$$\frac{P \cdot v}{75} = \frac{1650 \cdot 44,5}{75} = \backsim 1000 \text{ PS.}$$

Bei Ausrüstung des Motorwagens mit vier Motoren hat mithin jeder Motor 250 PS zu leisten. Der für diese Leistung berechnete Motor zeigt die Schaulinien Fig. 3 und ein Kreisschaubild Fig. 4 bei 4000 Volt sowie ein Kreisschaubild für das Anfahren nach Fig. 5 bei 5000 Volt. Er hat 2,5 mm Luft und arbeitet bei voller Fahrt und einer Spannung von 4000 Volt mit 2,44 Amp Kupferbelastung und mit günstigstem Kosinus $\varphi = 0,91$, $\eta = 0,89$. Während des Anfahrens wird ihm eine Spannung von 5000 Volt zugeführt; im Anfang der Anfahrperiode leistet er 430 PS bei $\cos \varphi = 0,9$ und $\eta = 0,89$. Die Eisensättigung beträgt in den Zähnen 8700 bis 10900, im Kern 7700 bis 9600. Am Ende der Anfahrperiode leistet er 650 PS bei $\cos \varphi = 0,84$ und $\eta = 0,818$. Der Motor weist einen trotz des verhältnismäfsig grofsen Luftzwischenraumes von 2,5 mm aufserordentlich guten $\cos \varphi$ von 0,9 und einen guten Wirkungsgrad auf und arbeitet, wie aus der Figur ersichtlich, sowohl beim Anfahren wie bei voller Fahrt unter den denkbar günstigsten Umständen.

Es stellen sich nun die in Glasers Annalen vom März 1902 Nr. 593 S. 90 und 91 angegebenen Vergleichsziffern wie folgt:

Es soll ein aus einer Dampflokomotive nebst Tender, einem Dienst- und vier Personenwagen bestehender Zug im Gesamtgewicht von $\backsim$ 330 t mit einer Geschwindigkeit von 160 km·Std. befördert werden. Die Zugkraft der Lokomotive erhöht sich gegenüber der des elektrischen Motorwagens erstens nach dem Gewicht des Zuges um $(330 - 260)\ 3,5 = 245$ kg, zweitens um den Betrag der Stirnwanddrucke und der Luftseitenreibung an dem fünften Beiwagen und dem Tender, also um 100 kg, drittens um den Betrag des Eigenwiderstandes der Maschine also um etwa rd. 115 kg und

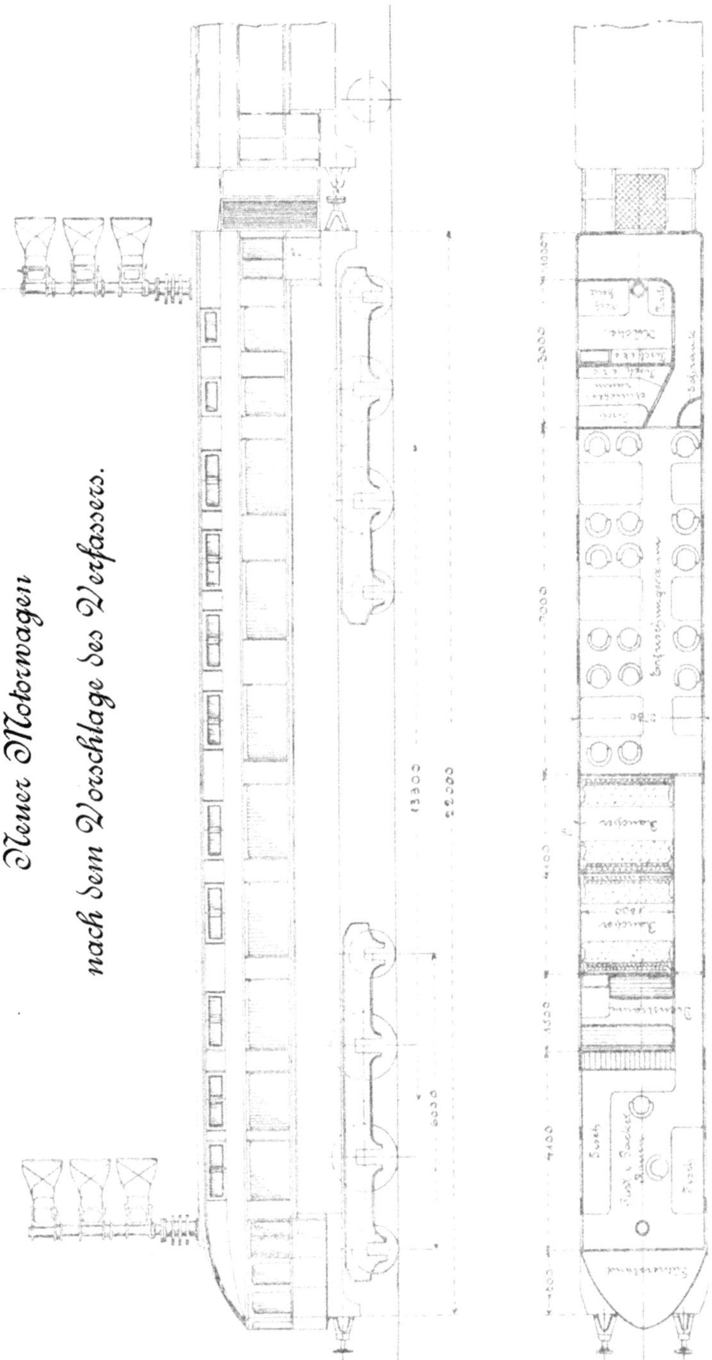

Neuer Motorwagen nach dem Vorschlage des Verfassers.

Fig. 6.

endlich um den Betrag des gröfseren Luftwiderstandes bei gröfserer getroffener Fläche nämlich etwa 100 kg. Im ganzen wächst der Zugwiderstand auf $1650 + 245 + 100 + 115 = 2210$ kg und die Leistung auf rd. 1350 PS effektiv (nach Wittfeld 1400 PS). Die Lokomotive kann bis 1800 PS im Bedarfsfalle leisten. Die Anzahl der Plätze beträgt pro Wagen 42, insgesamt also 168 Plätze. Hieraus ergibt sich das Gewicht für einen Platz zu $\frac{330\,000}{168} = \sim 2950$ kg, die Nutzleistung für einen Platz zu $\frac{1350}{168} \cong 8$ PS.

Die Energiekosten belaufen sich (nach Wittfeld) für die Stunde und Pferdekraft auf $\sim$ 3,1 Pfg. (sehr niedrig angenommen!) einschliefslich der Ausgaben für Wasser und Schmierung, für 100 Platz-km mithin auf

$$\frac{8{,}0}{160} \cdot 100 \cdot 3{,}1 = 5{,}0 \cdot 3{,}1 = 15{,}5 \text{ Pfg.}$$

Bei elektrischem Betriebe stellen sich die Platzverhältnisse wie folgt: Der Gepäckwagen fällt fort, dafür ist im Motorwagen ein besonderer Raum für Post- und Bahnpakete nebst dem erforderlichen Dienstraum vorgesehen; der Wagen bietet aufserdem noch Raum für 12 Plätze, so dafs der Zug zusammen 180 Plätze fafst. Der Motorwagen wiegt besetzt 96 t, mithin der ganze Zug $4 \cdot 41 + 96 = 260$ t.

Es ergibt sich das Gewicht für 1 Platz zu $\frac{260\,000}{180} = \sim 1450$ kg, die Nutzleistung für einen Platz zu $\frac{1000}{180} = 5{,}5$ PS, oder bei 90 % Wirkungsgrad zu $5{,}5 \cdot \frac{736}{0{,}9} = 4{,}5$ KW.

Die Energiekosten stellen sich bei einem Preise von 7 Pfg. für die KW-Std. auf:

$$\frac{4{,}5}{160} \cdot 100 \cdot 7 = 19{,}7 \text{ Pfg.}$$

für 100 Platz-km.

Zieht man hierzu das Anfahren in Betracht, wobei anstatt 330 t nur 260 in Bewegung zu setzen sind, so werden die reinen Zugkosten bei elektrischem Betrieb sicher nicht höher als bei Dampfbetrieb.

An Unterhaltung sind (nach Wittfeld) erforderlich bei 100 Platz-km bei Dampfbetrieb 7,5 Pfg. Ausgaben; bei elektrischem Betrieb kosten 1000 Motorwagen-km 45 M., dazu kommen 4000 Anhängewagen-km mit $4\ 15 = 60$ M., zusammen also 105 M. für 1000 Wagen-km, oder für 100 Platz-km entfallen $\frac{100 \cdot 10500}{180 \cdot 1000} = \sim 5{,}85$ Pfg. Ausgaben.

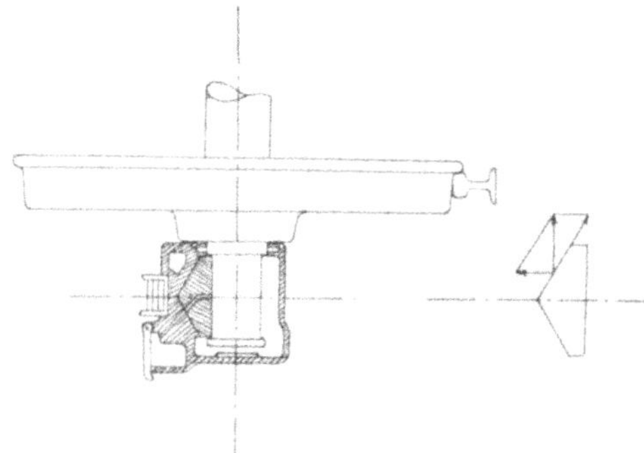

Fig. 1.

Vierachsiges Drehgestell.

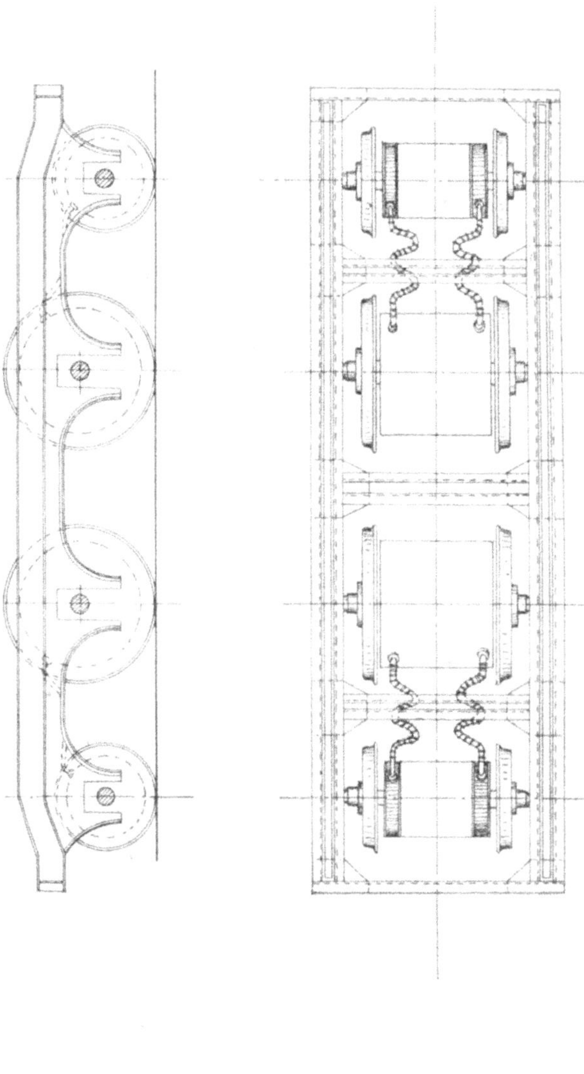

Fig. 7.

Die persönlichen Ausgaben stellen sich auf 3,75 Pfg. für 100 Platz-km bei Dampfbetrieb und 2,8 Pfg. für den elektrischen Betrieb.

Was die Anschaffungskosten für einen Dampfzug anlangt, so kostet derselbe 394000 M. und der elektrische Zug

1	Motorwagen	M. 50000
	Elektrische Ausrüstung	» 80000
	20 % Reserve	» 26000
4	Anhänger	» 180000
	20 % Reserve	» 36000
		M. 378000

Die Kosten für Zinsen und Tilgung belaufen sich bei 3,5 % Zinsfuſs und 6,5 % Betrag für Tilgung, Erneuerung etc., beim Dampfbetrieb zu 23,5 Pfg., beim elektrischen Betrieb zu 21 Pfg.

Das oben angegebene Gewicht des Motorwagens ist durch nachfolgende Zusammenstellung zu erhalten:

Wagenkasten mit Drehgestellen	53500 kg
Elektrische Ausrüstung	39000 »
Leergewicht	92500 kg
30 Personen à 70 kg	2100 »
Gepäck	900 »
Bedienung, Vorräte etc.	500 »
Gewicht bei voller Besetzung	96000 kg.

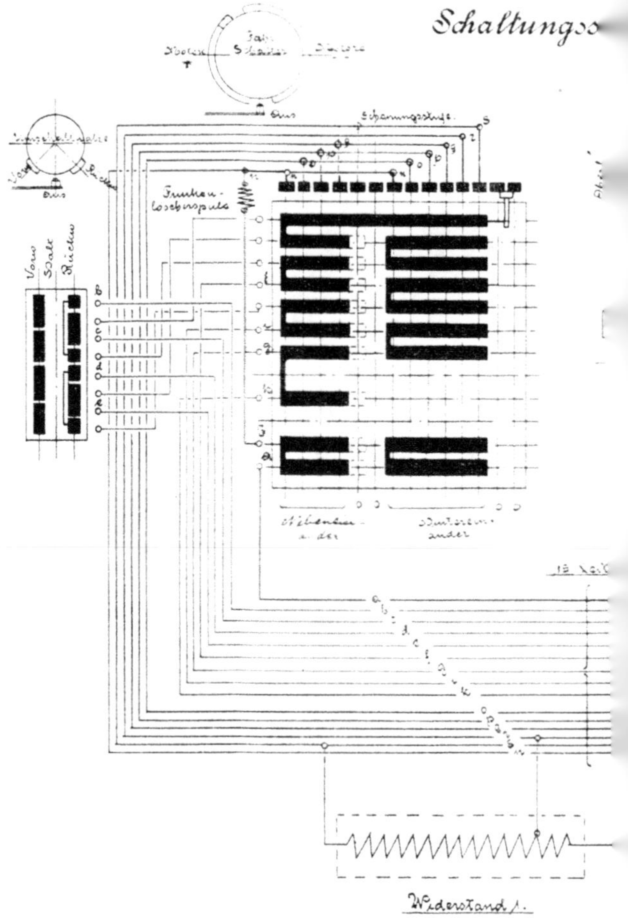
Schaltungss
Vorw
Rückw
Widerstand 1.

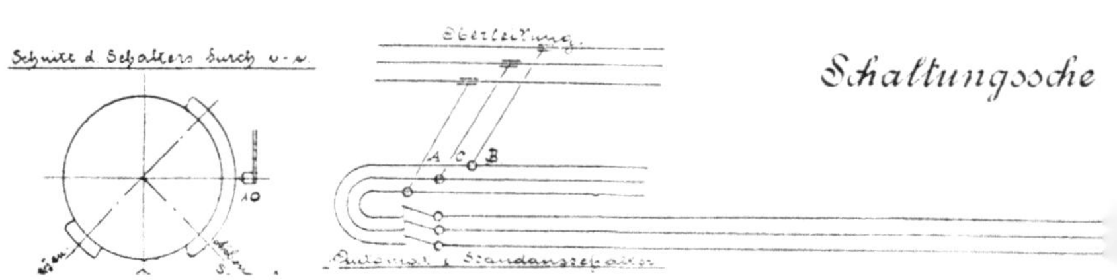
Schaltungssche
A
C
B

Tafel I.

…e Gleichstrombahn.

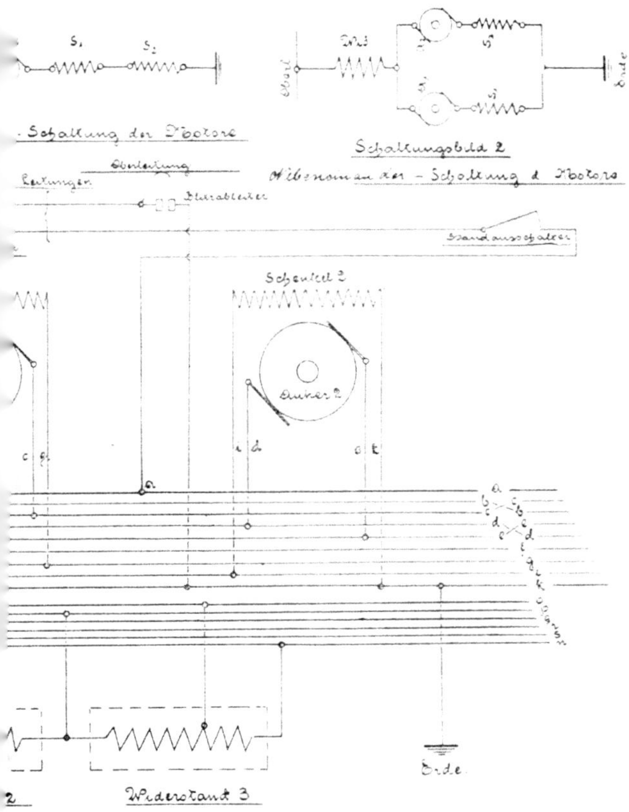

…e Drehstrombahn.

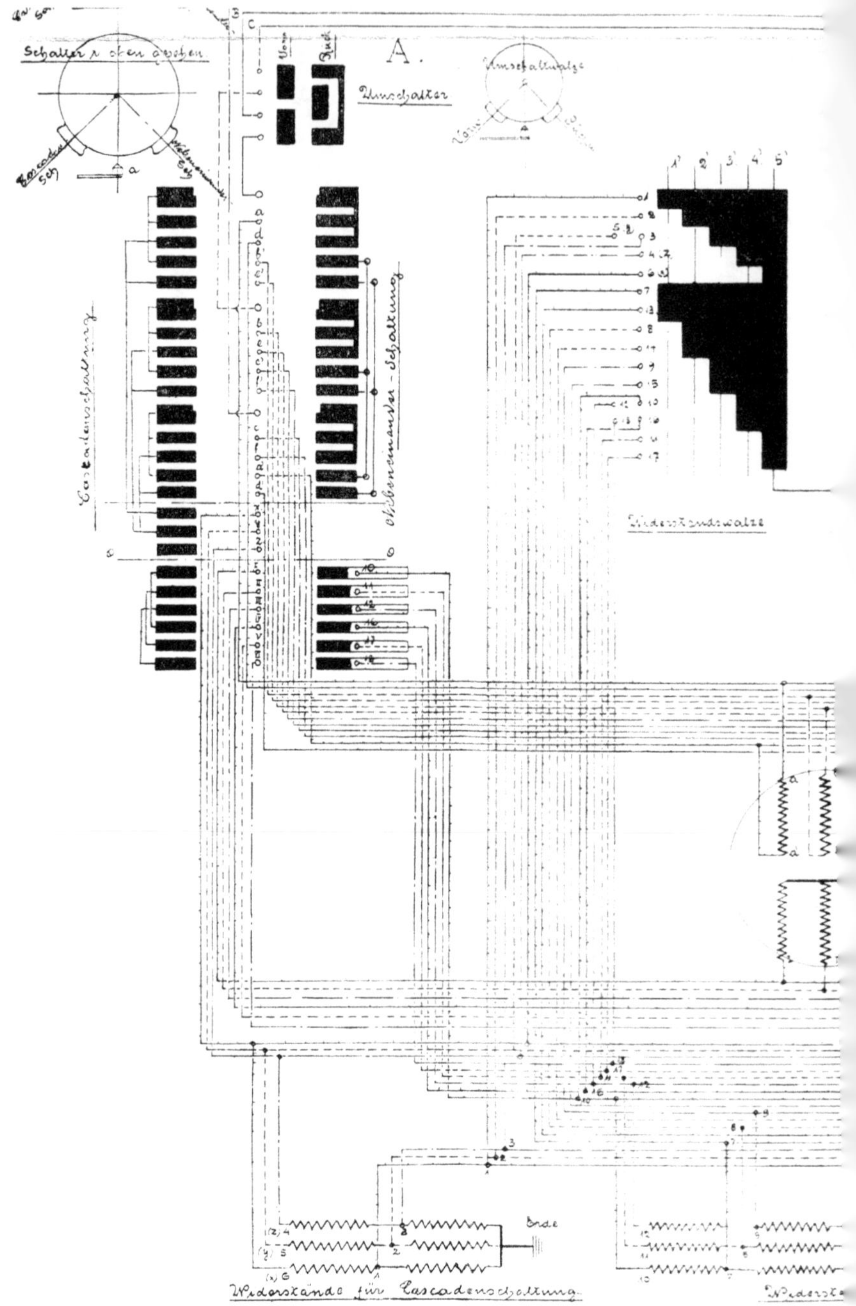

Schaltungsschem

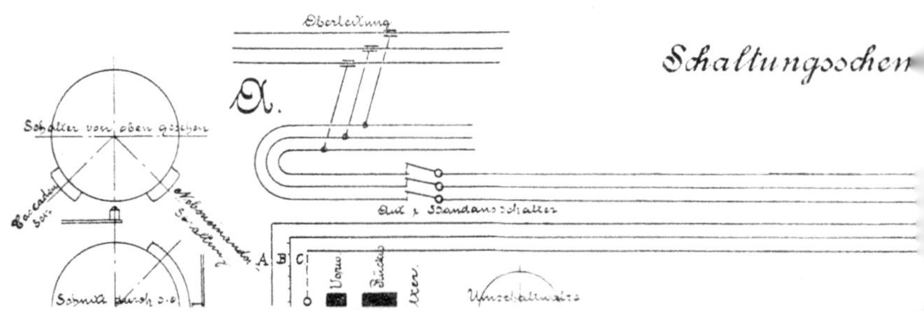

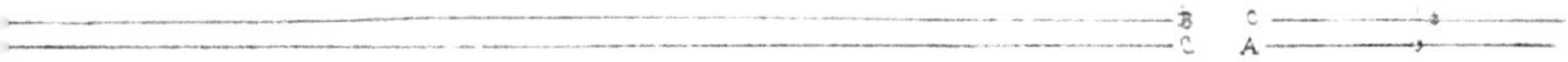

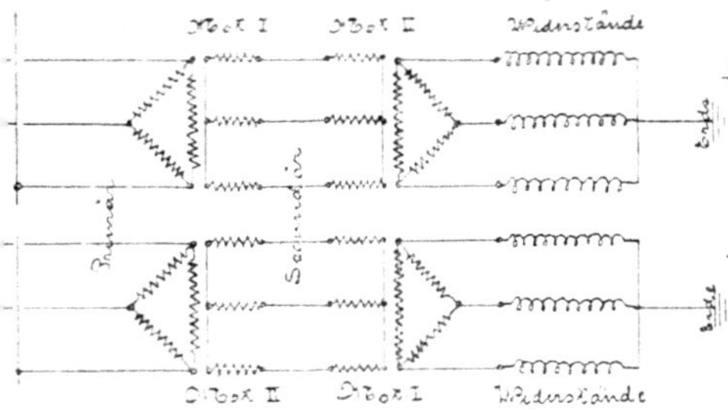

Schaltungsbild 1. Cascaden-Schaltung bei Fahrt von A aus.

Schaltungsbild 2. Cascaden-Schaltung bei Fahrt von B aus.

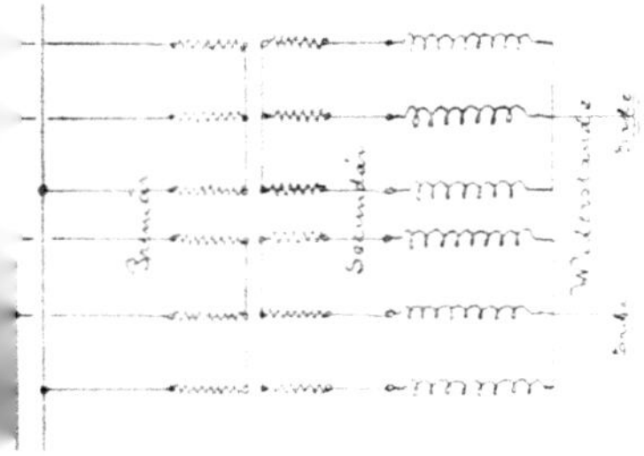

Schaltungsbild 3 Nebeneinander-Schaltung bei Fahrt von A und B aus.

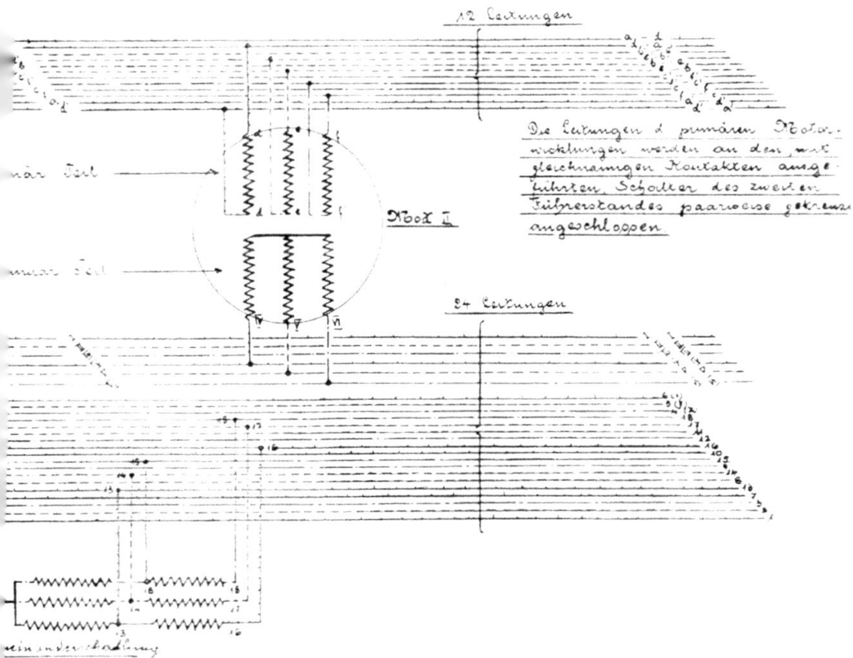

Drehstrombahn.

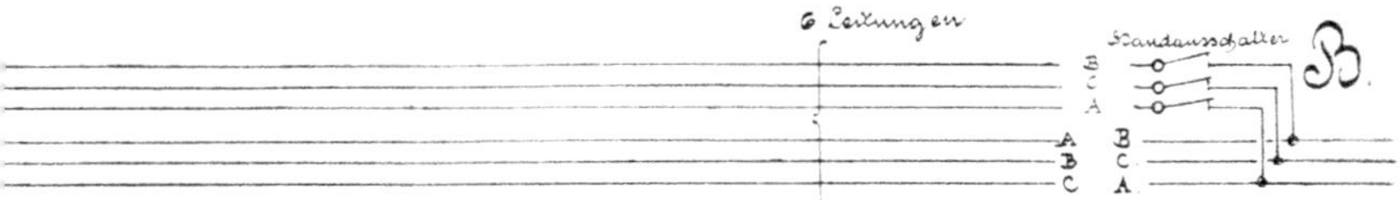

Reichel, Betrachtungen und Versuche etc.

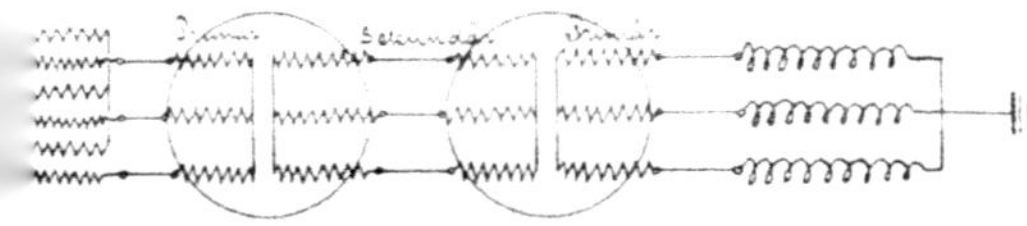

Schaltungsbild 1
Cascadenschaltung

…sformator	Mot. I	Mot. II	Widerstände	Bei Fahrt von A aus
…sformator	Mot. II	Mot. I	Widerstände	Bei Fahrt von B aus

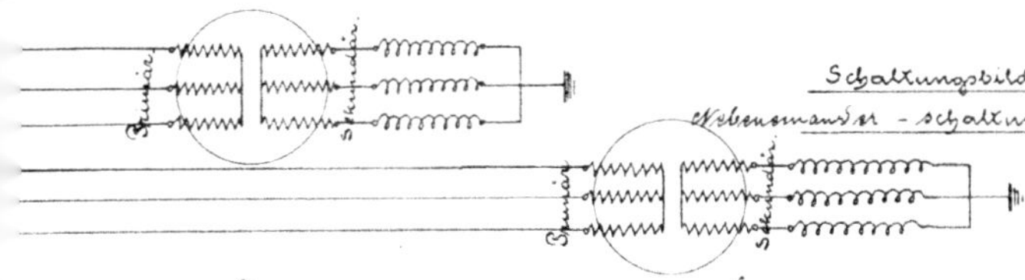

Schaltungsbild 2
Nebeneinander-schaltung

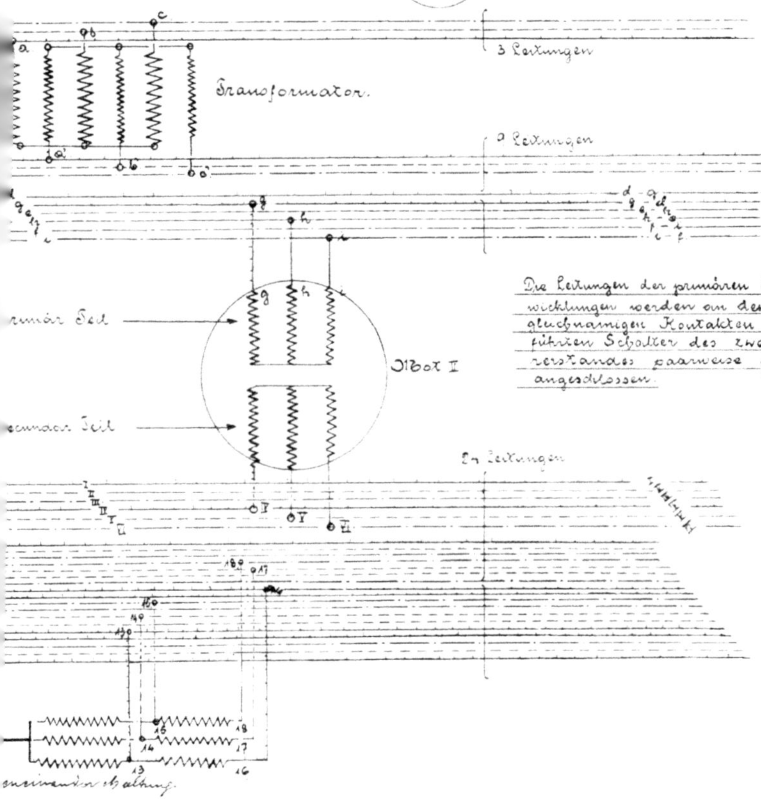

Die Leitungen der primären Motorwicklungen werden an den mit gleichnamigen Kontakten ausgeführten Schalter des zweiten Führerstandes paarweise gekreuzt angeschlossen.

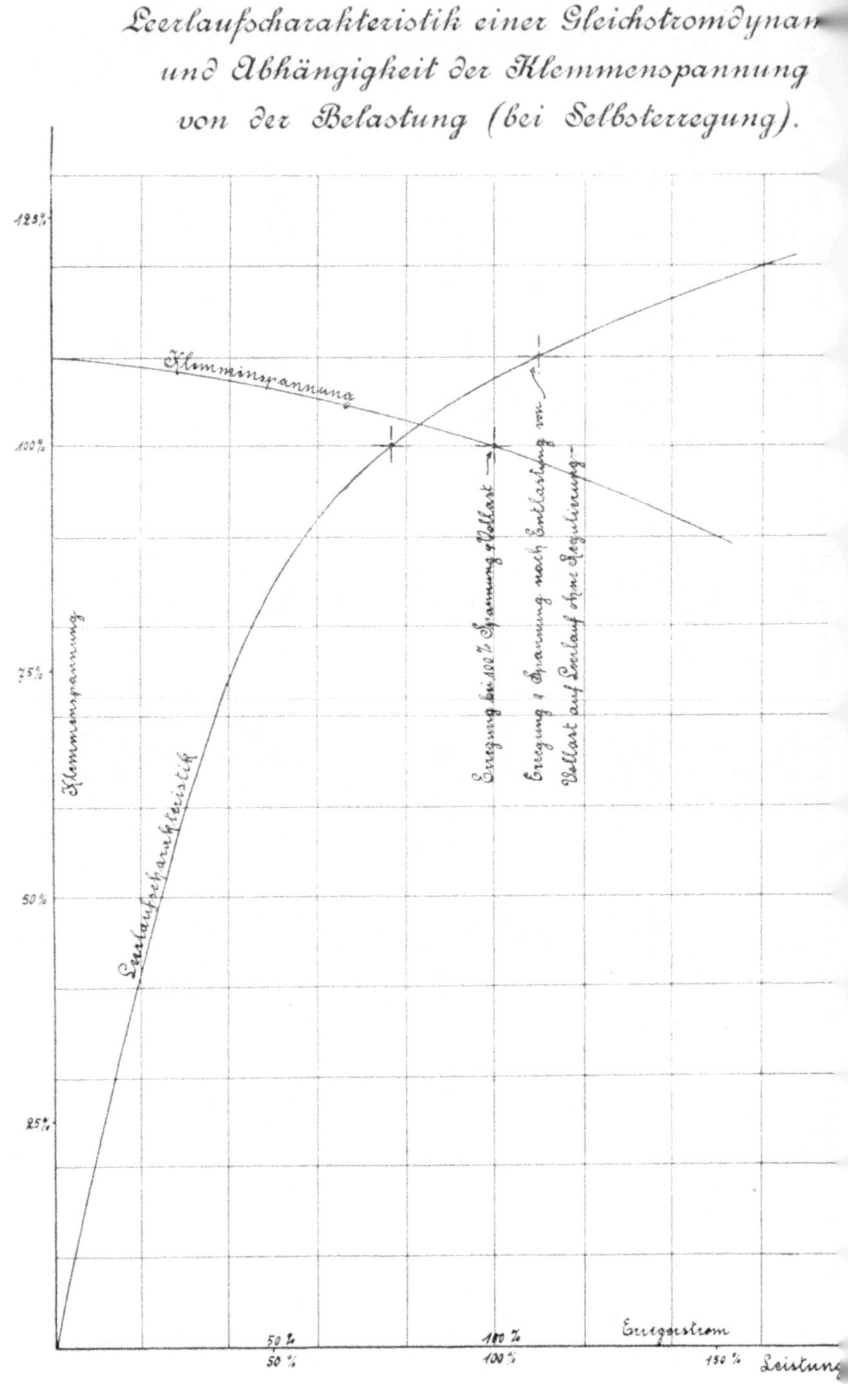

Fig. 1.

Reichel, Betrachtungen und Versuche etc.

…erlaufscharakteristik einer Drehstromdynamo und Abhängigkeit der Klemmenspannung von der Belastung (bei konst. Erregung).

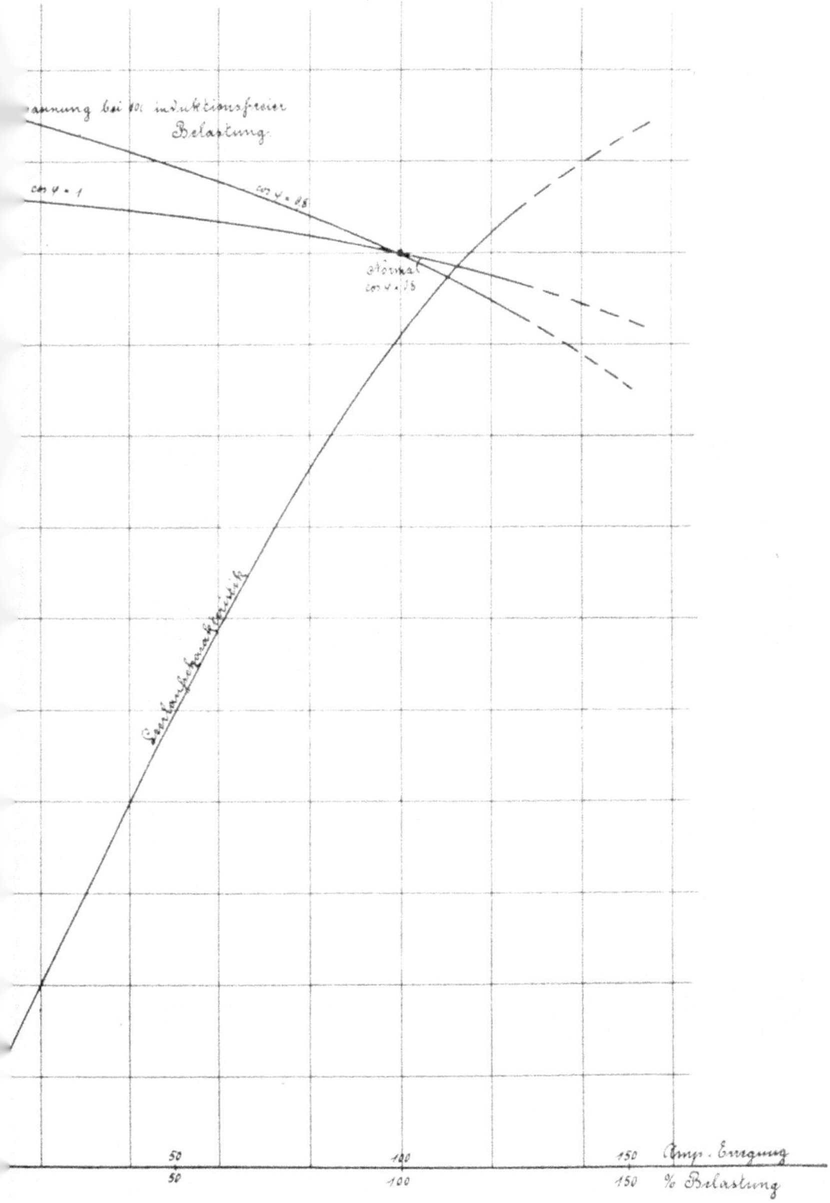

Fig. 2.

Zusammenstellung

Beispiel der Ausführung	Stromart und System Art der Fahrleitung	Gewicht des Zuges Zahl der beförderten Personen Gewicht pro Person	vorl St
1. **Elektrische Hoch- und Untergrundbahn Berlin.** (Zeitschrift des Vereins Deutscher Ingenieure Bd. 46, Nr. 7, 8, 9.)	Gleichstrom. **800** Volt Spannung im Kraftwerk. Dritte Schiene. **750** Volt Mittel auf der Strecke. System 2. Kraftwerk in der Mitte	**70** Tonnen (besetzt). Ein Zug 2 Motor- und **1** Anhängewagen (alle 4achsig). 122 Sitzplätze, 90 Stehplätze. Pro Person **330** kg	=
2. **Elektrische Vollbahn Burgdorf—Thun** (Schweiz). (Schweizer. Bauzeitung Bd. 35, Nr. 1—6, 11, 17.)	Drehstrom. **750** Volt am Stationstransformator, 40 Perioden. System 3. 2phasige Oberleitung an Querdrähten. 3. Phase Schiene. Speiseleitung **16000** Volt. **40** Perioden. Kraftwerk 8 km ab Thun	Doppelzug. 2 Motor- und 2 Anhängewagen (alle 4achsig). 102,5 Tonnen (leer) 120,5 » (besetzt). 264 Sitzplätze. Gewicht pro Person **460** kg (Gewicht besetzt)	=
3. **Elektrische Eisenbahn Mailand—Gallarate—Varese—Porto Ceresio.** (Traction electrique sur les chemins de fer Milano—Gallarate—Varese, Milano 1900.)	Gleichstrom. System 2. **650** Volt in der Unterstation. Dritte Schiene. 600 Volt Mittel auf Strecke. Speiseleitung zu den Unterstationen **13000** Volt, **25** Perioden. Kraftwerk 11 km ab Gallarate	Einfacher Zug besteht aus Motor- und Anhängewagen (beide 4achsig). 65 Tonnen leer. 76,5 » besetzt Motorwagen 63 Sitz- und 12 Stehplätze. Anhängewagen 63 Sitz- und 27 Stehplälze Summa 165. Pro Person 465 kg	1 = Mot mit A 1 = Mot a
4. **Elektrische Eisenbahn Lecco—Colico—Chiavenna (Sondrio).** (Lesperimento di trazione elettrica rulle ferrovie valtellinesi von Mg. A. Manfredini, Milano 1901.)	Drehstrom. System 5. **3000** Volt am Stationstransformator, 15 Perioden. 2phasige Oberleitung. 3. Phase Fahrschiene. Speiseleitung **20000** Volt und **15** Perioden. Kraftwerk an der Strecke	Ein Zug besteht aus Motorwagen (4achsig) und 3 kleinen Personenwagen (2achsig). 102 Tonnen besetzt. 56 Sitzplätze im Motorwagen, 170 in den Beiwagen. Summe 226. Pro Person 460 kg	1 =
5. **Elektrische Schnellbahn Berlin—Hamburg.** (Entwurf.) (Elektr. Schnellbahnen E.T.Z. 1901, Heft 34, 37, 38, 41.)	Drehstrom. System 6 oder 7. **10000** Volt am Stationstransformator. 3phasige Oberleitung. Nullpunkt an Schiene. **43** Perioden. Kraftwerk Mitte Strecke. Speiseleitung 40000 Volt	Zug besteht aus Motor- und Anhängewagen. 138 Tonnen. 100 Sitzplätze. Pro Person 1380 kg	1 =

dener Bahnbetriebe.

Anfahrleistung in KW und Beschleunigung	Fahrleistung in KW 1 : ∞	 Steigung	Gewicht d. angewendeten Motoren	Gröfste Spannung für die der Motor herstellbar	Ungefähre Kosten für den Kilometer Fahrleitung	Länge der Linie
Bei Hintereinanderschaltung 215 bezw. 430 KW bei Parallelschaltung. 0,7 m Beschleunigung	70 KW	260 KW auf 1 : 32	1350 kg	900 Volt	Doppelgeleisig. Eisenquerschnitt je 3500 qmm, je 27,8 kg lfd. m, mit Schutzbalken ausgerüstet einschliefslich Quer- und Längsverbindungen für Rückleitung pro km Doppelgeleis **27 000** Mark	Warschauer Brücke bis Zoologischen Garten 8,7 km
410 KW 0,19 m-Sek Beschleunigung	leer 75 KW besetzt 82 KW	leer 370 KW auf 1 : 25 besetzt 410 KW auf 1 : 25	1500 kg	2000 Volt bei 50 Perioden	Eingeleisig. Kupferquerschnitt 50 qmm. Fahrschiene 4600 qmm (36 kg pro m). Eingeleisig pro km **9500** Mark	Burgdorf—Thun 40 km
400 KW (670 Amp) 0,26 m-Sek. Beschleunigung	180 KW (300 Amp)	1 : 100 300 KW (500 Amp) 1 : 48 300 KW (500 Amp)	2500 kg	1000 Volt	Doppelgeleisig. Eisenquerschnitt (45,5 kg/m) je 6500 qmm ohne Schutzbalken einschl. Quer- und Längsverbindungen für Rückleitung. Fahrschiene je 4600 qmm (36 kg/m). Pro km Doppelgeleis **32 000** M.	Mailand—Varese 58,7 km Mailand—Porto Ceresio 73 km
270 KW 0,25 m-Sek. Beschleunigung	150 KW	1 : 48 310 KW mit Kaskadenschaltung und 30 km	3800 kg	3000 Volt bei 25 Perioden	Eingeleisig. Kupferquerschnitt 50 qmm. Fahrschiene 4600 qmm (36 kg/m). Pro km **10 000** Mark	Lecco—Chiavenna 65 km Lecco—Sondrio 79,3 km
1840 KW 0,21 m-Sek. Beschleunigung (Mittel)	980 KW	1 : 250 1330 KW	4200 kg	10000 Volt bei 43 Perioden	Eingeleisig. Kupferquerschnitt 100 qmm. Fahrschiene 6400 qmm (50 kg/m). Pro km **12 000** Mark	286 km

Doppelg

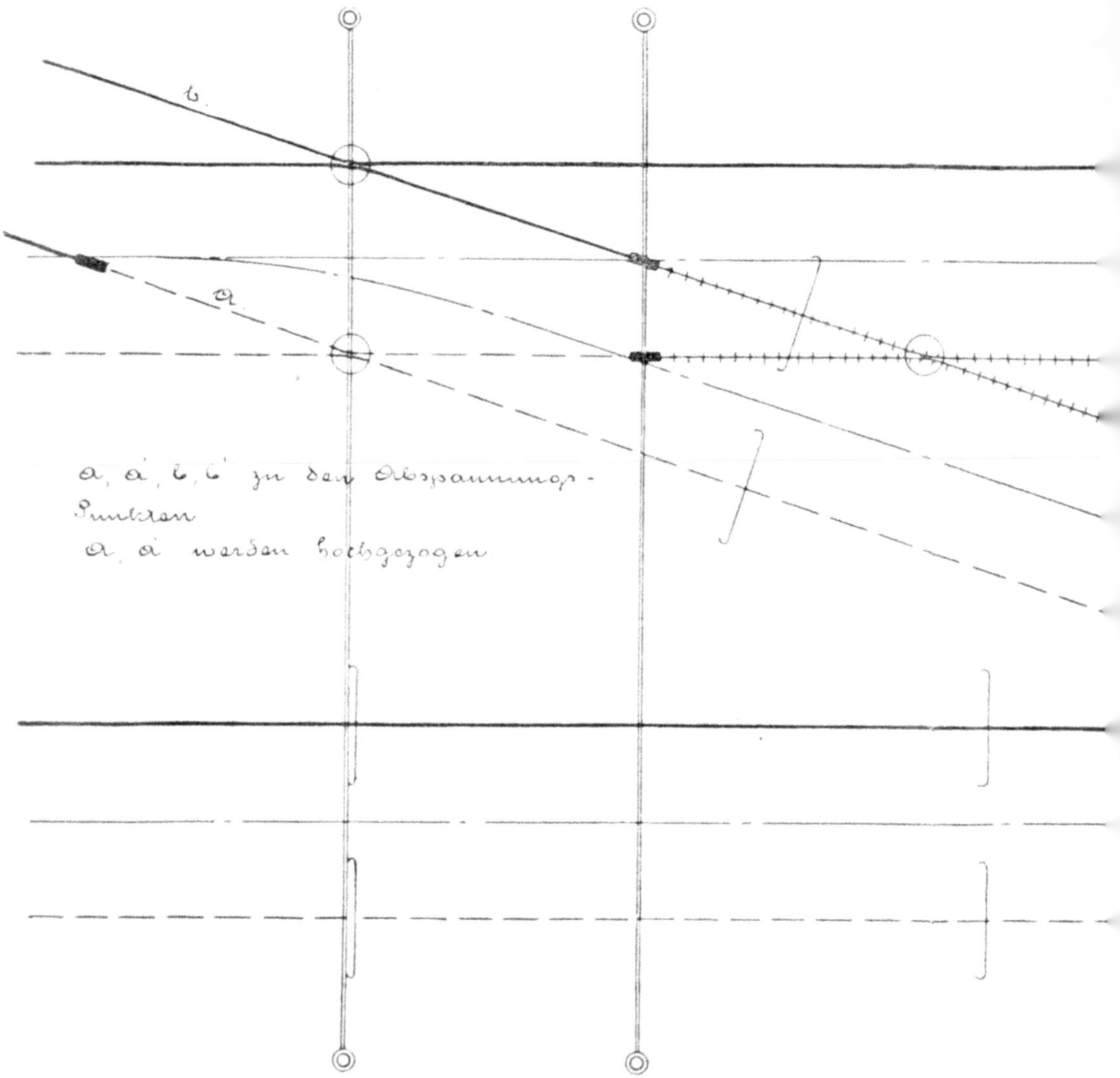

Reichel, Betrachtungen und Versuche etc.

nanlage.

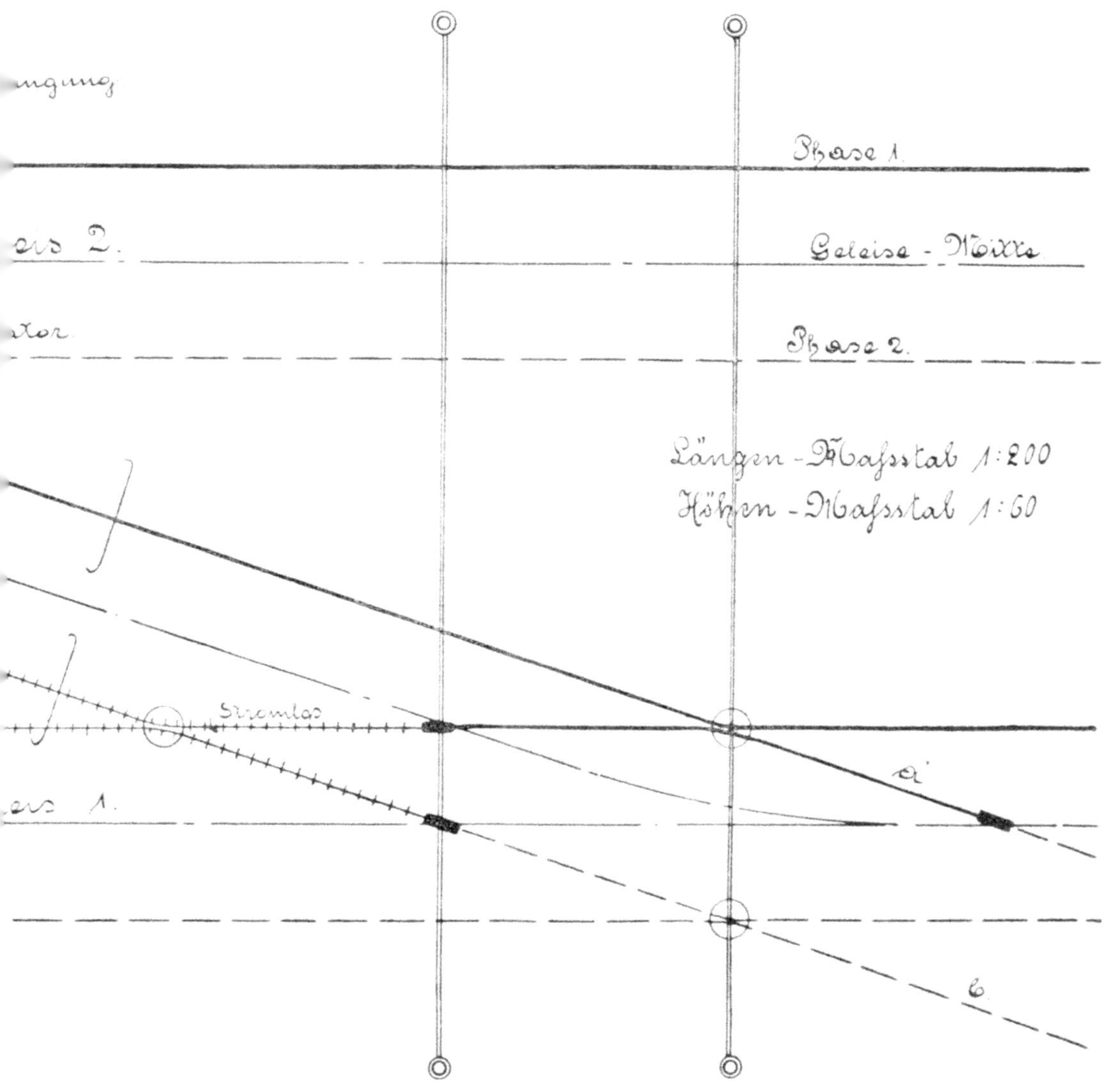
ngung
eis 2.
tor.
Phase 1.
Geleise - Mitte
Phase 2.
Längen-Maßstab 1:200
Höhen-Maßstab 1:60
Stromlos
a
eis 1.
b

Einzelheiten der Versuchsleitungsanlage.

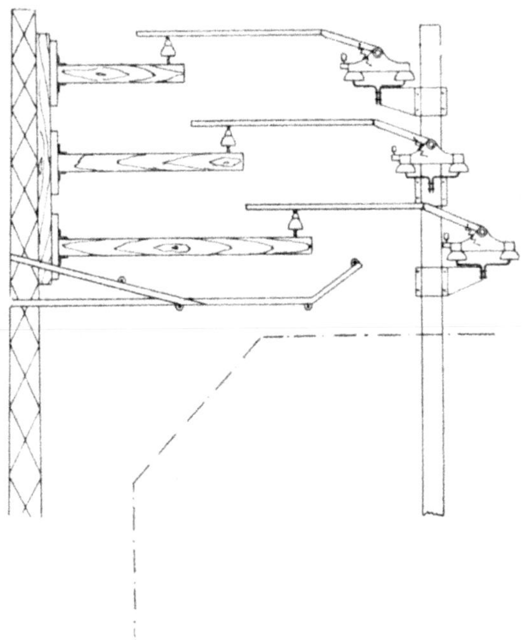

Figur 1.

Tafel V.

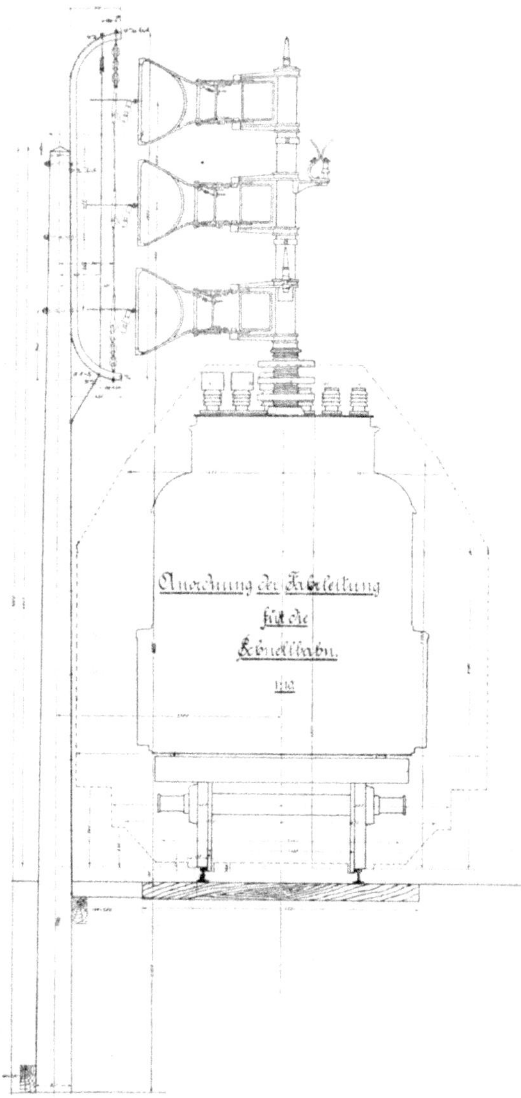

Figur 2

Figur 4.

Reichel, Betrachtungen und Versuche etc

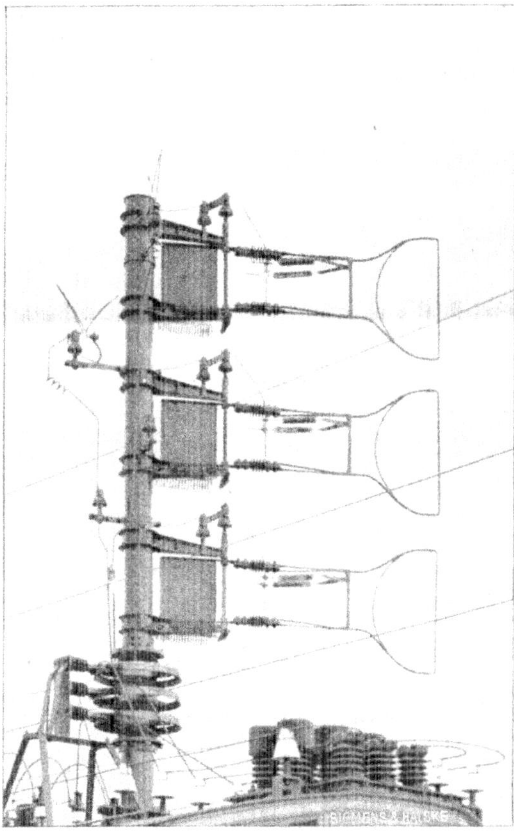

Figur 3.

Lichterfelder Ve

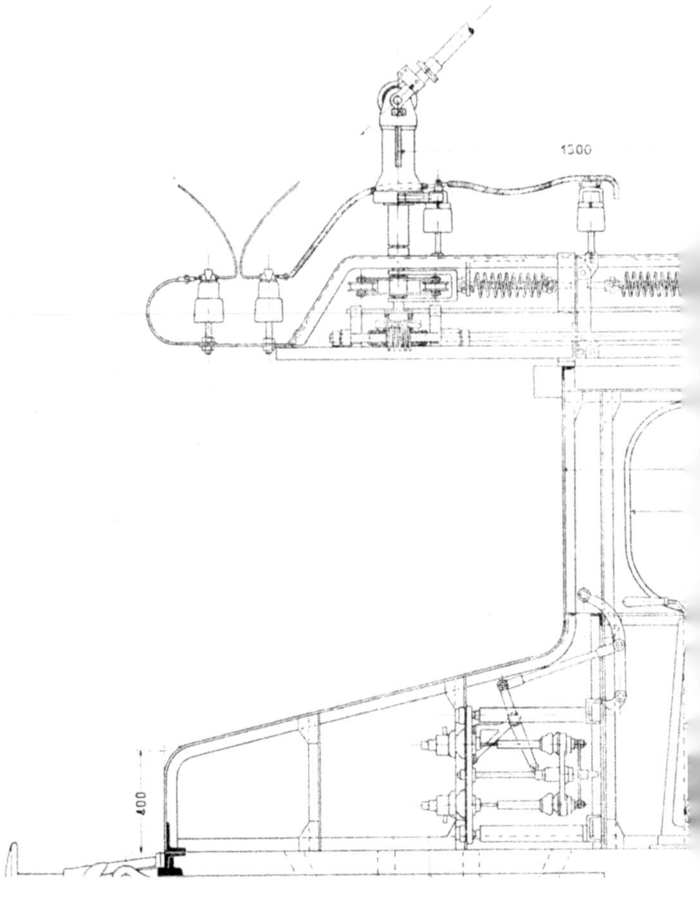

Tafel VI.

Modell 1900.

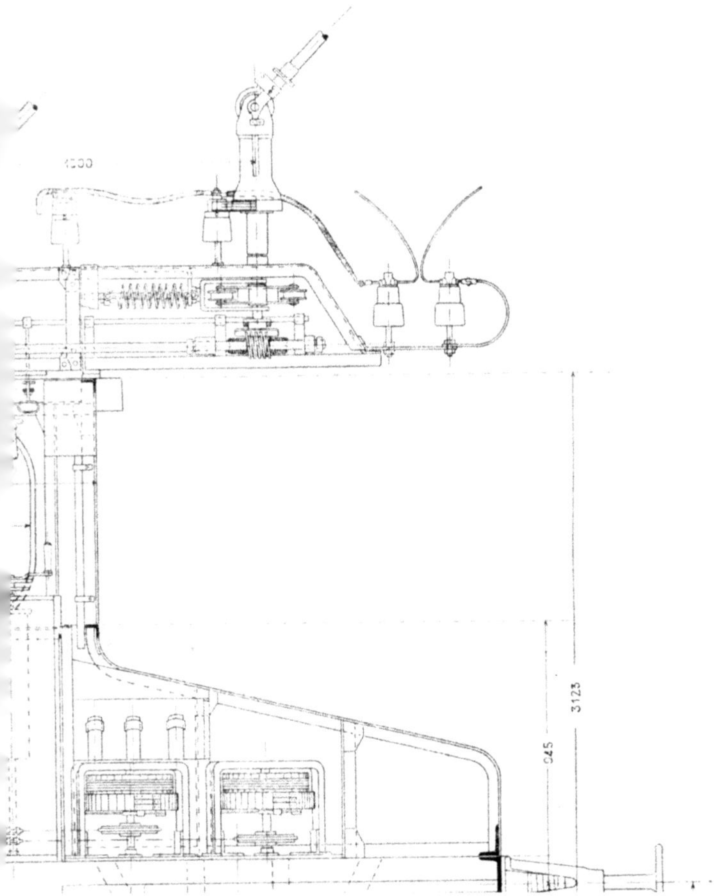

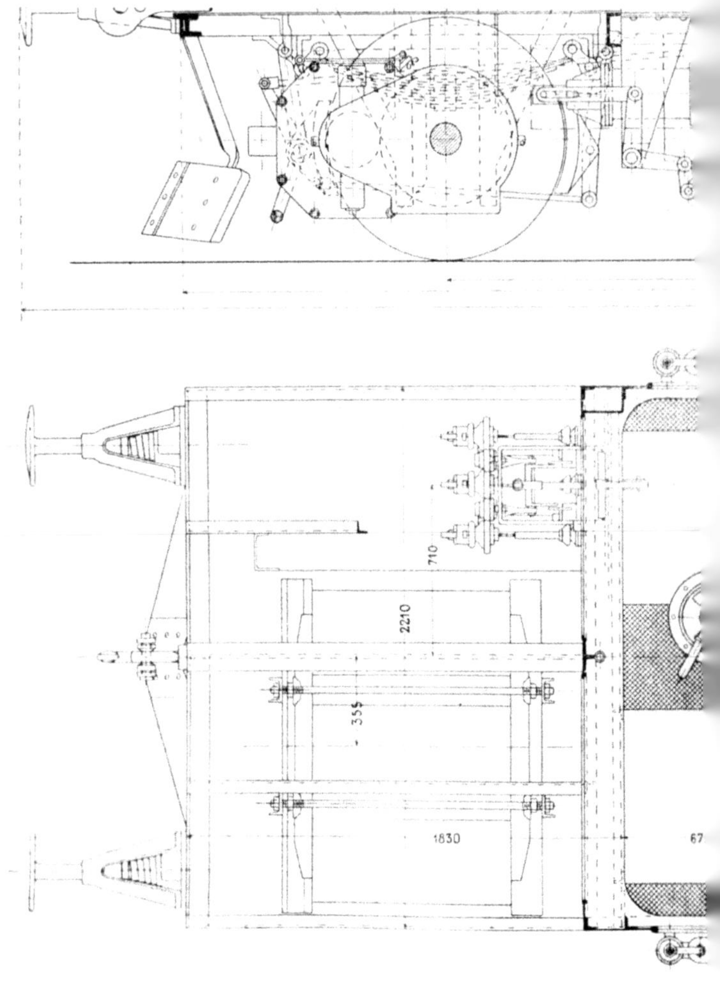

Reichel, Betrachtungen und Versuche etc.

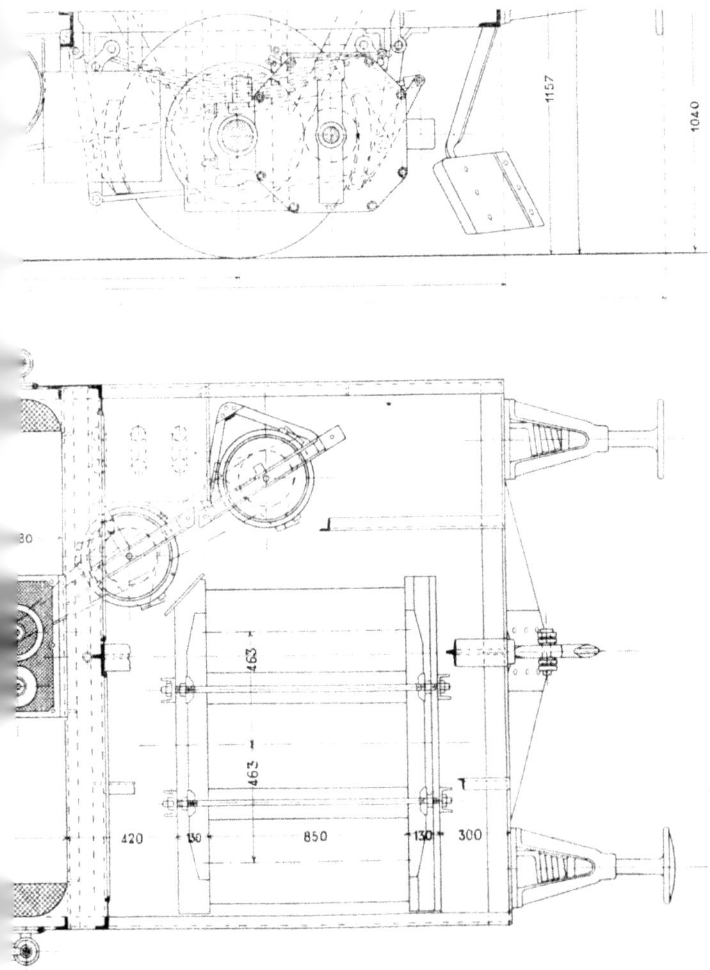

1157
1040
463
463
420
130
850
130
300

Schaltschema der Lokomotive.

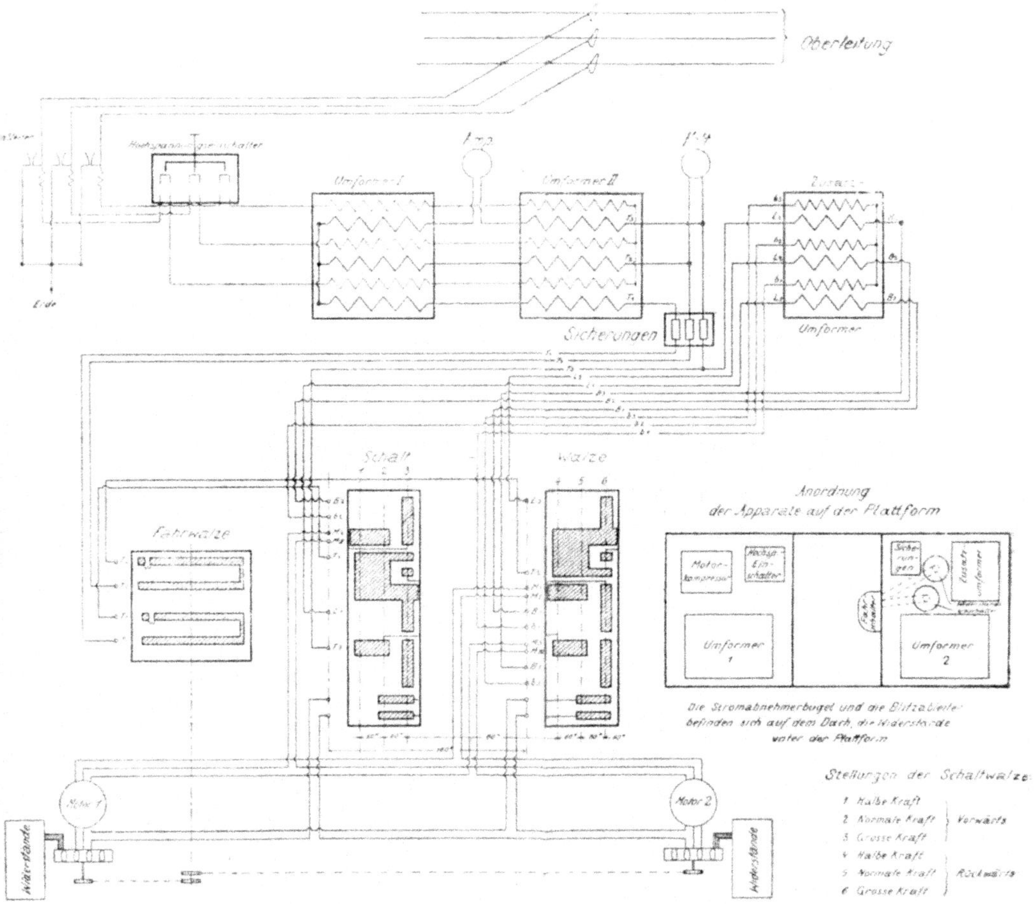

R. Oldenbourg, Verlagsbuchhandlung, München und Berlin W. 10.

ELEKTRISCHE BAHNEN

ZEITSCHRIFT FÜR DAS GESAMTE ELEKTRISCHE BEFÖRDERUNGSWESEN

Herausgeber: **WILHELM KÜBLER**
Professor an der Kgl. techn. Hochschule zu Dresden.

Ankündigung.

Vom Juni 1903 ab soll eine neue Zeitschrift unter dem am Kopf dieses Blattes angegebenen Titel erscheinen, und zwar in diesem Jahre in vier Heften, am 1. Juni, 1. August, 1. Oktober und 1. Dezember, **vom Jahre 1904 an dann in Monatsheften.**

Die Verwirklichung des Gedankens einer solchen Zeitschrift wird allen denen nichts Überraschendes bringen, die im Laufe der letzten Zeit gleichzeitig die Entwicklung des in Frage kommenden gemeinsamen Gebietes der Maschinenbauer, Bauingenieure und Elektrotechniker und die der diesem Gebiete dienenden Fachliteratur mit einiger Aufmerksamkeit beobachtet haben. Dem grofsen Kreise dieser Interessenten ist bekannt, dafs es für die Förderung vieler Ingenieurfragen von weitgehendem Nutzen sein würde, wenn zu ihrer Erläuterung in reicherem Mafse als bisher auf Erfahrungen und Ideen hingewiesen werden könnte, durch die anderwärts die Verwirklichung dieses oder jenes Unternehmungsgedankens schon gelungen ist. Dies ist trotz der nicht geringen Anzahl bestehender Zeitschriften nicht möglich, weil das Gebiet des elektrischen Transportwesens zugleich zu speziell und zu grofs ist, um in dem, was wir bisher besitzen, Unterkunft finden zu können. Es ist Tatsache, dafs wertvolle Arbeiten entweder ganz abgelehnt oder doch erst so spät zur Veröffentlichung gebracht werden, dafs ihre Bedeutung beeinträchtigt wird.

Auf diese Weise entsteht für alle, die das hier zu behandelnde Gebiet angeht, eine Schädigung; es fehlt sowohl für die Bearbeitung konkreter Aufgaben, als auch für die, die sich oder andere unterrichten sollen, an ausreichenden Orientierungsmitteln über den jeweiligen Stand der Dinge. Der Versuch, durch fortwährendes Herausgeben von Lehrbüchern Abhilfe zu schaffen, mufs fehlschlagen, weil oft Fragen berührt werden müssen, die für ein Buch noch unreif sind und erst auf andere Weise zur Diskussion gestellt und geklärt werden müssen; so zeigt denn auch ein grofser Teil der neueren Bücher, bei deren Bearbeitung dieser Umstand übersehen wurde, entweder eine grobe Oberflächlichkeit oder ein sich Verlieren in grauester Gelehrsamkeit.

Die Grofsfirmen haben, um hier und da Abhilfe zu schaffen, Informationsschriften herauszugeben angefangen und dabei verschiedentlich Bemerkenswertes geleistet. Dieser Weg führt aber nur halb zum Ziel, weil solchen Arbeiten durch die notgedrungen einseitig ausfallende, meist der Kontrolle der allgemeineren Öffentlichkeit entzogene Darstellung viel von ihrem Wert genommen wird.

So wird eine Zeitschrift, die es sich zur Aufgabe macht, das Wichtige und Beste, was zur Sache gesagt werden kann, zu sammeln und in der gebräuchlichen Praxis gegenüber gebesserter Form der Darstellung ihrem Abonnentenkreis zur Verfügung zu stellen, den Wünschen weiter Kreise entgegenkommen. Beabsichtigt wird die Veröffentlichung von Aufsätzen wissenschaftlichen Inhaltes aus dem Gebiete des elektrischen Verkehrs- und Transportwesens mit Einschlufs aller dazu gehörenden technischen Hilfsmittel, eingehende Beschreibung und zeichnerische Darstellung von bedeutenden Ausführungen und Projekten, Mitteilung von Betriebsergebnissen, Behandlung wirtschaftlicher Fragen und Aufgaben unter Berücksichtigung der Betriebsführung und des Rechnungswesens, kurze Berichterstattung über allgemein interessierende Vorgänge in der in- und ausländischen Praxis und über die wesentlichen Erscheinungen der Fachliteratur, der Statistik u. s. w.

Unter dem Begriff des elektrischen Beförderungswesens soll verstanden werden das gesamte Gebiet elektrischer Bahnen, insbesondere auch der Vollbahnen, die Massengüterbewältigung, Hebezeuge, Selbstfahrer, Boote u. dgl.

www.ingramcontent.com/pod-product-compliance
Lightning Source LLC
LaVergne TN
LVHW081336011026
849161LV00013BB/2934